应用型本科院校计算机“十三五”规划教材

应用型大学计算机教程实训指导

主　编　王　力　余廷忠

副主编　黄正鹏　金艳梅　贺道德

中国铁道出版社有限公司
CHINA RAILWAY PUBLISHING HOUSE CO., LTD.

内 容 简 介

本书是《应用型大学计算机教程——基于SPOC混合式智慧学习环境》（王力，余廷忠主编，中国铁道出版社出版）配套的实验教材。主要实验内容为Windows 7基本操作，Word 2010、Excel 2010和PowerPoint 2010的办公应用，以及网络基础知识。实验由基础实验、综合实验和能力目标实验三个部分组成。第一部分为基础实验，以培养学生计算机基本操作技能；第二部分为综合实验，以培养学生应用计算机解决问题的综合能力；第三部分为能力目标实验，以培养学生应用计算思维设计和创新的构造能力。全书采用样例驱动模式，所用样例遴选及内容编写上充分贴近日常生活，注重学以致用。

此外，本书还搜集和精编了适用期末复习和考试的综合复习题库，内容涵盖理论教材的所有章节。

本书内容丰富、层次清晰，侧重应用能力的培养和计算思维的训练，适合作为应用型本科院校计算机公共课教材，也可供其他计算机爱好者参考使用。

图书在版编目（CIP）数据

应用型大学计算机教程实训指导 / 王力，余廷忠主编. — 北京：中国铁道出版社，2016. 8 (2020.9 重印)

应用型本科院校计算机“十三五”规划教材

ISBN 978-7-113-22068-6

Ⅰ. ①应… Ⅱ. ①王… ②余… Ⅲ. ①电子计算机－高等学校－教材 Ⅳ. ①TP3

中国版本图书馆CIP数据核字（2016）第193120号

书　　名：应用型大学计算机教程实训指导

作　　者：王　力　余廷忠

策划编辑：李志国　　**编辑部电话**：(010) 63551926

责任编辑：曾露平　包　宁

封面设计：余廷忠

封面制作：白　雪

责任校对：王　杰

责任印制：樊启鹏

出版发行：中国铁道出版社有限公司（100054，北京市西城区右安门西街8号）

网　　址：http://www.tdpress.com/51eds/

印　　刷：三河市宏盛印务有限公司

版　　次：2016年8月第1版　　2020年9月第5次印刷

开　　本：787mm×1092mm　1/16　**印张**：10　**字数**：240千

书　　号：ISBN 978-7-113-22068-6

定　　价：24.00元

前　言

本书是王力、余廷忠主编，由中国铁道出版社出版的《应用型大学计算机教程——基于SPOC混合式智慧学习环境》配套的实训教材。本书根据《教育部、国家发展改革委、财政部关于引导部分地方普通本科高校向应用型转变的指导意见》(教发〔2015〕7号)文件，结合教育部高等教育司提出的以计算思维为切入点的大学计算机课程教学改革精神编写而成。本书以计算机的日常应用为主旨，目的在于提高学生动手操作、活学活用及学以致用的计算机基本技能，最终培养学生使用计算机解决日常办公等实际问题的综合能力。

第1章～第6章按章编排实验：基础实验包括键盘录入技能、Windows文件及文件夹的基本操作、Word文档基本操作、Excel基本操作、PowerPoint基本操作及Internet的接入等六个大类，共设计了19个分类实验，实验的设计充分考虑了对主教材的辅助作用，以及实用性、代表性及学以致用性；综合实验包括Windows实用性操作及技能、Word的综合技能训练、Excel数据处理与分析等三大部分，共设计了8个分类实验，包括Windows的定制个性化桌面、任务栏设置、小工具的使用、【附件】的使用，Word的设计电子广告作品、设计学生学籍表，Excel的不同工作簿（表）之间数据汇聚、电子表格数据分析实验等内容；能力目标实验包括组装一台微型计算机系统（含硬件安装和软件安装两个分实验）、Word电子报设计与制作、Word电子书排版设计、PowerPoint制作交互型课件等四个大类，充分体现实用性、设计性及创新性等特点。

第7章为综合复习题库的强化和训练：题型包括选择题、填空题、判断题及操作题等，后面附有参考答案。在题目的选择上力求经典，题型覆盖主教材各章主要知识点及计算机相关应用领域，内容注重概念性、基础性、实用性及操作性。其中单选题378道，多选题87道，判断题140道，填空题115道，操作题21道。特别是21道操作题代表了计算机的21个日常应用方面，具体包括：公文制作，名片制作，公式、水印及三线表制作，流程图制作，求职登记表制作，制作试卷模板，邮件合并操作，用幻灯片展现“动画”效果，学生成绩表制作，设置数据录入条件格式及有效性，学生成绩排名及等级，考试情况统计，学生成绩分类汇总，筛选学生成绩，创建图表分析学生成绩，用图表方法制作函数图像，根据身份证批量提取出生日期及性别，计算机课程成绩数据表，制作电子相册，交互型教学课件制作，生成图书目录。

本书由王力、余廷忠任主编，黄正鹏、金艳梅、贺道德任副主编。第1章、第2章、第3章（能力目标实验）、第4章及第7章由余廷忠编写；第3章（基础实验和综合实验）由黄正鹏编写；第5章由金艳梅编写；第6章由贺道德编写；王力教授负责统稿和审核。

使用本书的学校可与作者联系索取相关教学资料。E-mail地址为2530663744@qq.com。

本书内容丰富、层次清晰，侧重应用能力的培养和计算思维的训练，适合作为应用型本科院校计算机专业基础课及计算机公共基础课程上机实训教材，也可供其他计算机爱好者参考使用。

由于本书涉及计算机多方面相关知识，加之编者水平有限，疏漏与不足之处在所难免，恳请广大读者与专家批评指正。

编　者

2016年6月

目　录

第 1 章　计算机基础实验：键盘录入技能

键盘录入就像传统的纸和笔一样，对于每个人来说，是学一阵子，用一辈子，受益一生的大事。实践证明，键盘录入是一项熟能生巧的技能。只要方法得当，经过短期自我强化训练，完全可以实现快速盲打。

【实验目的】

熟悉键盘结构，掌握并熟练应用指法，自我强化训练，最终达到计算机专业学生 50 个中文字/min 以上，非计算机专业学生 40 个中文字/min 以上的技能目标。

【实验内容】

1. 键盘结构与功能。
2. 击键规则与手指分工。
3. 键盘录入练习。

【实验要求】

1. 掌握键盘的基本结构和各个键位的普适功能。
2. 掌握正确的击键姿势、方法和技巧。
3. 通过金山打字通软件练习指法和自我强化键盘录入训练，为最终实现盲打目标打下坚实基础。

【任务 1】　熟悉键盘的结构和功能

常见的键盘有 101 键及 104 键等若干种。为了便于记忆，按照功能的不同，把这 101 个键划分成主键区、功能键区、控制键区、数字键区、状态指示区（见图 1-1）。下面是键盘功能的各个键区简介。

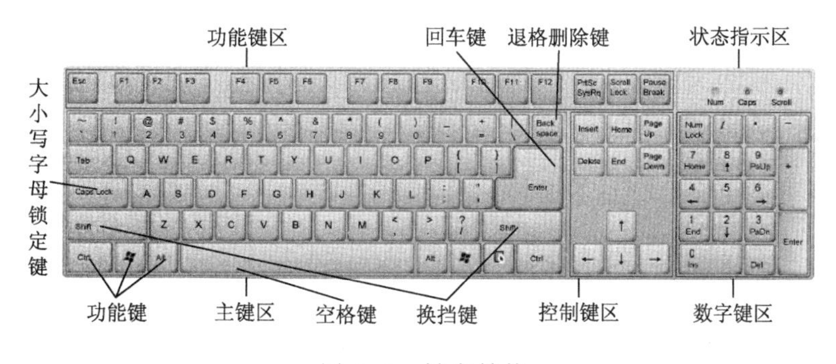

图 1-1　键盘结构

（1）主键区：主键区包括 26 个字母键、10 个数字键、21 个符号键和 14 个控制键，共 71 个键位，是键盘的主体部分。主要用于在文档中输入数字、文字和符号等文本。

（2）功能键区：功能键区位于键盘最上方，包括取消键【Esc】、特殊功能键【F1】～【F12】、屏幕打印键【PrintScreen】、滚动暂停键【ScrollLock】、暂停键【Pause】，以及键盘下方主功能区两端的【Alt】、【Win】及【Alt】键等。

（3）控制键区：控制键区位于主键盘区的右侧，主要用来移动光标和翻页，控制键区包括四个方向键←↑→↓，插入键【Insert】、删除键【Delete】、行首键【Home】、行尾键【End】、向上翻页键【PageUp】、向下翻页键【PageDown】共 10 个编辑专用键。

【任务 2】 熟悉键盘指法

键盘指法是指如何运用十个手指击键的方法，即规定每个手指分工负责击打哪些键位，以充分调动十个手指的作用，并实现不看键盘输入（盲打），从而提高击键的速度。

（1）基本键位：主键盘区有 8 个基准键，分别是 A、S、D、F、J、K、L、;。输入时，左右手的 8 个手指头（大拇指除外）从左至右自然平放在这 8 个键位上，如图 1-2 所示。

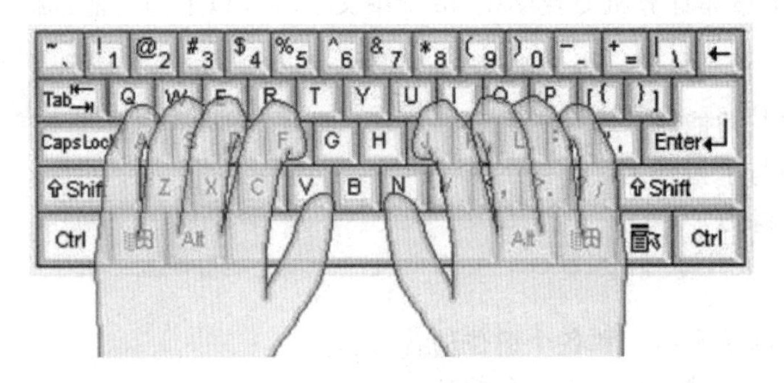

图 1-2 手指在键盘上的放置姿势

（2）手指分工：键盘录入时两只手的十个手指都有明确的分工，只有按照正确的手指分工击键，才能提高键盘录入速度，甚至实现盲打。正确的手指分工如图 1-3 所示。

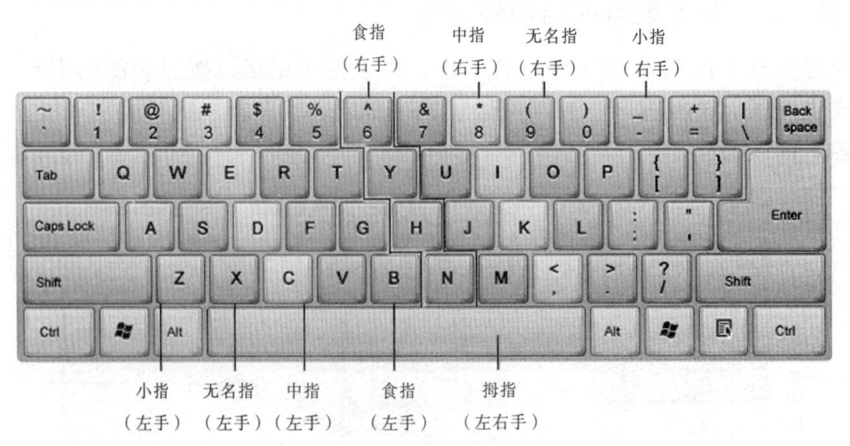

图 1-3 正确的手指分工

（3）正确的击键方法：

操作提示：

击键前，十个手指要放在基准键上。

击键时，要击键的手指迅速敲击目标键后立即返回到基准键位置，不要一直按在目标键上。

击键后，手指要立即返回到基准键位置，为下一次击键做好准备。

左手大拇指或右手大拇指同时负责击打空格键。

按照指法，十指分工，各司其职，实践证明能有效提高击键的准确性和速度。

技巧提示：

在指法训练中，坐姿要端正、指法要正确。键盘录入的第一要求是准确，第二要求才是快速。准确击键是提高输入速度和正确率的基础，不要盲目追求速度。在保证准确的前提下，速度要求是：初学者 100～150 个字符/min 为及格，200 个字符/min 为良好，250 个字符/min 为优秀。

【任务 3】　键盘录入练习

下面给出李开复给女儿的信：你该如何度过大学生涯——英文版本和中文版本，读者可以在写字板或 Word 文档中进行录入练习。

① 李开复给女儿的信：你该如何度过大学生涯——英文版本。

Dear Daughter:

As we drove off from Columbia, I wanted to write a letter to you to tell you all that is on my mind.

First, I want to tell you how proud we are. Getting into Columbia is a real testament of what a great well-rounded student you are. Your academic, artistic, and social skills have truly blossomed in the last few years. Whether it is getting the highest grade in Calculus, completing your elegant fashion design, successfully selling your painted running shoes, or becoming one of the top orators in Model United Nations, you have become a talented and accomplished young woman. You should be as proud of yourself as we are.

I will always remember the first moment I held you in my arms. I felt a tingling sensation that directly touched my heart. It was an intoxicating feeling I will always have. It must be that "father-daughter connection" which will bind us for life. I will always remember singing you lullaby while I rocked you to sleep. When I put you down, it was always with both relief (she finally fell asleep!) and regret (wishing I could hold you longer). And I will always remember taking you to the playground, and watching you having so much fun. You were so cute and adorable, and that is why everybody loved you so.

You have been a great kid ever since you were born, always quiet, empathetic, attentive, and well-mannered. You were three when we built our house. I remember you quietly followed us every weekend for more than ten hours a day to get building supplies. You put up with that boring period without a fuss, happily ate hamburgers every meal in the car, sang with Barney until you fell asleep. When you went to Sunday Chinese school, you studied hard even though it was no fun for you. I cannot believe how lucky we are as parents to have a daughter like you.

You have been an excellent elder sister. Even though you two had your share of fights, the last few years you have become best friends. Your sister loves you so much, and she loves to make you laugh. She looks up to you, and sees you as her role model. As you saw when we departed, she misses you so much. And I know that you miss her just as much. There is nothing like family, and other than your parents, your sister is the one person who you can trust and confide in. She will be the one to take care of you, and the one you must take care of. There is nothing we wish more than that your sisterhood will continue to bond as you grow older, and that you will take care of each other throughout your lives. For the next four years, do have a short video chat with her every few days, and do email her when you have a chance.

College will be the most important years in your life. It is in college that you will truly discover what learning is about. You often question "what good is this course". I encourage you to be inquisitive, but I also want to tell you: "Education is what you have left after all that is taught is forgotten." What I mean by that is the materials taught isn't as important as you gaining the ability to learn a new subject, and the ability to analyze a new problem. That is really what learning in college is about — this will be the period where you go from teacher-taught to master-inspired, after which you must become self-learner. So do take each subject seriously, and even if what you learn isn't critical for your life, the skills of learning will be something you cherish forever.

Do not fall into the trap of dogma. There is no single simple answer to any question. Remember during your high school debate class, I always asked you to take on the side that you don't believe in? I did that for a reason — things rarely "black and white", and there are always many ways to look at a problem. You will become a better problem solver if you recognized that. This is called "critical thinking", and it is the most important thinking skill you need for your life. This also means you need to become tolerant and supportive of others. I will always remember when I went to my Ph.D. advisor and proposed a new thesis topic. He said "I don't agree with you, but I'll support you." After the years, I have learned this isn't just flexibility, it is encouragement of critical thinking, and an empowering style of leadership, and it has become a part of me. I hope it will become a part of you too.

Follow your passion in college. Take courses you think you will enjoy. Don't be trapped in what others think or say. Steve Jobs says when you are in college, your passion will create many dots, and later in your life you will connect them. In his great speech given at Stanford commencement, he gave the great example where he took calligraphy, and a decade later, it became the basis of the beautiful Macintosh fonts, which later ignited desktop publishing, and brought wonderful tools like Microsoft Word to our lives. His expedition into calligraphy was a dot, and the Macintosh became the connecting line. So don't worry too much about what job you will have, and don't be too utilitarian, and if you like Japanese or Korean, go for it, even if your dad thinks "it's not useful". Enjoy picking your dots, and be assured one day you will find your calling, and connect a beautiful curve through the dots.

Do your best in classes, but don't let pressure get to you. Your mother and I have no expectations for your grades. If you graduate and learn something in your four years, we would feel happy. Your Columbia degree will take you far, even if you don't graduate with honors. So please don't give yourself pressure. During your last few months in high school, you were so happy because there was little pressure and college applications are finished. But in the past few weeks, we saw you are beginning to worry (did you know you bite your nails when you are nervous?). Please don't be worried. The only thing that matters is that you learned. The only metric you should use is that you tried. Grades are just silly letters that give the vain people something to brag, and the lazy people something to fear. You are too good to be either.

Most importantly, make friends and be happy. College friends are often the best in life, because during college you are closer to them physically than to your family. Also, going through independence and adulthood is a natural bonding experience. Pick a few friends and become really close to them — pick the ones who are genuine and sincere to you. Don't worry about their hobbies, grades, looks, or even personalities. You have developed some real friendships in high school in your last two years, so trust your instinct, and make new friends. You are a genuine and sincere person — anyone would enjoy being your friend, so be confident, outgoing, and pro-active. If you think you like someone, tell her. You have very little to lose. Give people the benefit of the doubt; don't stereotype and be forgiving. People are not perfect, so as long as they are genuine and sincere, trust them and be good to them. They will give back. This is my secret of success — that I am genuine with people and trust them (unless they do something to lose my trust). Some people tell me that occasionally I would be taken advantage of. They are right, but I can tell you that that loss is nothing compared to what I gained. In my last 18 years leading people, I have realized that only one thing matters — to gain the trust and respect of others, and to do so, you need to trust and respect others first. Whether it is for management, work, or friendship, this is something you should ponder.

Do keep your high school friends, and stay connected to them, but do not use them as substitutes for college friendship, and do not spend too much time with them, because that would eat into your time to make new friends.

Start planning for your summers early — what would you like to do? Where would you like to live? What would you like to learn? What have you learned in college that might change your mind? I think your plan of studying fashion is good, and you should decide where you want to be, and get into the right courses. We of course hope you come back to Beijing, but you should go where you think is best for you.

Whether it is summer-planning, or coursework planning, or picking a major, or managing your time, you should take control of your life. In the past, I have helped you quite a bit, whether it is in college application, designing your extracurricular activities, or picking the initial coursework. I will always be there for you, but the time has come for you to be in the driver's seat — this is your life, and you need to be in control. I will always remember the exhilarating feeling in my life — that I got to decide to skip kindergarten, that I got to decide to change to computer science major, that I got to decide to leave academia for Apple, that I got to decide to go to China, that I got to decide to go to Google, and most recently, that I got to decide to start my own business. Being able to decide means you get to live the life that you want to. Life is too short to live the life others do or others want you. Being in control feels great. Try it, and you'll love it!

I told your mom I'm writing this letter, and asked what she wanted me to say. She thought and said: "just ask her to take care of herself." Simple but deeply caring — that is how your mother is, and that is why you love her so much. In this simple sentence is her hope that you will become independent in the way you take care of yourself — that you will remember to take your medicine, that you will get enough sleep, that you will have a balanced diet, that you will get some exercise, and that you will go see a doctor whenever you don't feel good. An ancient Chinese proverb says that the most important thing to be nice to your parents is to take care of yourself. This is because your parents love you so much, and that if you are well, they will have comfort. You will understand this one day when you become a mother. But in the meantime, please listen to your mother and take care of yourself.

College is the four years where you have:

The greatest amount of free time

The first chance to be independent

The most flexibility to change

The lowest risk for making mistakes

So please treasure your college years — make the best of your free time, become an independent thinker in control of your destiny, evolve yourself into a bi-cultural talent, be bold to experiment, learn and grow through your successes and challenges.

When I faced the greatest challenge and opportunity in my life in 2005, you gave me a big hug and said "bonne chance", which means "good luck" and "good courage". Now I do the same for you. Bonne chance, my angel and princess. May Columbia become the happiest four years in your life, and may you blossom into just what you dream to be.

Love, Dad (& Mom)

② 李开复给女儿的信：你该如何度过大学生涯——中文版本。

亲爱的女儿：

当我们开车驶出哥伦比亚大学的时候，我想写一封信给你，告诉你盘旋在我脑中的想法。

首先，我想告诉你我们为你感到特别骄傲。进入哥伦比亚大学证明你是一个全面发展的优秀学生，你的学业、艺术和社交技能最近都有卓越的表现，无论是你在微积分上得了最高分，完成自己典雅的时尚的设计，成功卖出绘制的跑鞋，还是在“模拟联合国”演说中成为表现最突出的人之一，你毫无疑问已经是一个多才多艺的女孩。你的父母为你感到骄傲，你也应该像我们一样为自己感到自豪。

我会永远记得第一次将你抱在臂弯的那一刻，一种新鲜激动的感觉瞬间触动了我的心，那是一种永远让我陶醉的感觉，就是那种将我们的一生都连接在一起的“父女情结”。我也常常想起我唱着催眠曲轻摇你入睡，当我把你放下的时候，常常觉得既解脱又惋惜，一方面我想，她终于睡着了！另一方面，我又多么希望自己可以多抱你一会儿。我还记得带你到运动场，看着你玩得那么开心，你是那样可爱，所有人都非常爱你。

你不但长得可爱，而且是个特别乖巧的孩子。你从不吵闹、为人着想，既听话又有礼貌。当你三岁我们建房子的时候，每个周末十多个小时你都静静地跟着我们去运建筑材料，三餐在车上吃着汉堡，唱着儿歌，唱累了就睡觉，一点都不娇气、不抱怨。你去上周日的中文学习班时，尽管一点也不觉得有趣，却依然很努力。我们做父母的能有像你这样的女儿真的感到非常幸运。

你也是个很好的姐姐。虽然你们姐妹以前也会打架，但是长大后，你们真的成为了好朋友。妹妹很爱你，很喜欢逗你笑，她把你当成她的榜样看待。我们开车离开哥大后，她非常想你，我知道你也很想她。世界上最宝贵的就是家人。和父母一样，妹妹就是你最可以信任的人。随着年龄的增长，你们姐妹之间的情谊不变，你们互相照应，彼此关心，这就是我最希望见到的事情了。在你的大学四年，有空时你一定要常常跟妹妹视频聊聊天，写写电子邮件。

大学将是你人生最重要的时光，在大学里你会发现学习的真谛。你以前经常会问到"这个课程有什么用"，这是个好问题，但是我希望你理解："教育的真谛就是当你忘记一切所学到的东西之后所剩下的东西。"我的意思是，最重要的不是你学到的具体的知识，而是你学习新事物和解决新问题的能力。这才是大学学习的真正意义——这将是你从被动学习转向自主学习的阶段，之后你会变成一个很好的自学者。所以，即便你所学的不是生活里所急需的，也要认真看待大学里的每一门功课，就算学习的技能你会忘记，学习的能力是你将受用终身的。

不要被教条所束缚，任何问题都没有唯一的简单的答案。还记得当我帮助你高中的辩论课程时，我总是让你站在你不认可的那一方来辩论吗？我这么做的理由就是希望你能够理解：看待一个问题不应该非黑即白，而是有很多方法和角度。当你意识到这点的时候，你就会成为一个很好的解决问题者。这就是"批判的思维"——你的一生都会需要的最重要的思考方式，这也意味着你还需要包容和支持不同于你的其他观点。我永远记得我去找我的博士导师提出了一个新论题，他告诉我："我不同意你，但我支持你。"多年后，我认识到这不仅仅是包容，而是一种批判式思考，更是令人折服的领导风格，现在这也变成了我的一部分。我希望这也能成为你的一部分。

在大学里你要追随自己的激情和兴趣，选你感兴趣的课程，不要困扰于别人怎么说或怎么想。史蒂夫•乔布斯曾经说过，在大学里你的热情会创造出很多点，在你随后的生命中你会把这些点串联起来。在他著名的斯坦福毕业典礼演讲中，他举了一个很好的例子：他在大学里修了看似毫无用处的书法，而十年后，这成了苹果 Macintosh 里漂亮字库的基础，而因为 Macintosh 有这么好的字库，才带来了桌面出版和今天的办公软件。他对书法的探索就是一个点，而苹果 Macintosh 把多个点连接成了一条线。所以不要太担心将来你要做什么样的工作，也不要太急功近利。假如你喜欢日语或韩语，就去学吧，即使你爸爸曾认为那没什么用。尽兴地选择你的点吧，要有信念，有一天机缘来临时，你会找到自己的人生使命，画出一条美丽的曲线。

在功课上要尽力，但不要给自己太多压力。你妈妈和我在成绩上对你没什么要求，只要你能顺利毕业并在这四年里学到了些东西，我们就会很高兴了。即便你毕业时没有获得优异的成绩，你的哥伦比亚学位也将带你走得很远。所以别给自己压力。在你高中生活的最后几个月，因为压力比较小，大学申请也结束了，你过得很开心，但是在最近的几个星期，你好像开始紧张起来。（你注意到你紧张时会咬指甲吗？）千万别担心，最重要的是你在学习，你需要的唯一衡量是你的努力程度。成绩只不过是虚荣的人用以吹嘘和慵懒的人所恐惧的无聊数字而已，而你既不虚荣也不慵懒。

最重要的是在大学里你要交一些朋友，快乐生活。大学的朋友往往是生命中最好的朋友，因为在大学里你和朋友能够近距离交往。另外，在一块儿成长，一起独立，很自然地你们就会紧紧地系在一起，成为密友。你应该挑选一些真诚诚恳的朋友，跟他们亲近，别在乎他们的爱好、成绩、外表甚至性格。你在高中的最后两年已经交到了一些真正的朋友，所以尽可以相信自己的直觉，再交一些新朋友吧。你是一个真诚的人，任何人都会喜欢跟你做朋友的，所以要自信、外向、主动一点，如果你喜欢某人，就告诉她，就算她拒绝了，你也没有损失什么。以最大的善意去对人，不要有成见，要宽容。人无完人，只要他们很真诚，就信任他们，对他们友善。他们将给你相同的回报，这是我成功的秘密——我以诚待人，信任他人（除非他们做了失信于我的事）。有人告诉我，这样有时我会被占便宜，他们是对的，但是我可以告诉你：以诚待人让我得到的远远超过我失去的。在我做管理的18年里，我学到一件很重要的事——要想得到他人的信任和尊重，只有先去信任和尊重他人。无论是管理、工作、交友，这点都值得你参考。

要和你高中时代的朋友保持联系，但是不要用他们来取代大学的友谊，也不要把全部的时间都花在老朋友身上，因为那样你就会失去交新朋友的机会了。

你还要早点开始规划你的暑假——你想做什么？你想待在哪儿？你想学点什么？你在大学里学习是否会让你有新的打算？我觉得你学习艺术设计的计划很不错，你应该想好你该去哪儿学习相应的课程。我们当然希望你回到北京，但是最终的决定是你的。

不管是暑假计划，功课规划，抑或是选专业，管理时间，你都应该负责你的人生。过去不管是申请学校、设计课外活动或者选择最初的课程，我都从旁帮助了你不少。以后，我仍然会一直站在你身旁，但是现在是你自己掌舵的时候了。我常常记起我生命中那些令人振奋的时刻——在幼儿园决定跳级，决定转到计算机科学专业，决定离开学术界选择Apple，决定回中国，决定选择Google，乃至最近选择创办我的新公司。有能力进行选择意味着你会过上自己想要的生活。生命太短暂了，你不能过别人想要你过的生活。掌控自己的生命是很棒的感觉，试试吧，你会爱上它的！

我告诉你妈妈我在写这封信，问她有什么想对你说的，她想了想，说“让她好好照顾自己”，很简单却饱含着真切的关心——这一向是你深爱的妈妈的特点。这短短的一句话，是她想提醒你很多事情，比如要记得自己按时吃药，好好睡觉，保持健康的饮食，适量运动，不舒服的时候要去看医生，等等。中国有句古语，说“身体发肤，受之父母，不敢毁伤，孝之始也”。这句话的意思用比较新的方式诠释就是说：父母最爱的就是你，所以照顾好自己就是孝顺最好的方法。当你成为母亲的那天，你就会理解这些。在那天之前，听妈妈的，你一定要好好照顾自己。

大学是你自由时间最多的四年。

大学是你第一次学会独立的四年。

大学是可塑性最强的四年。

大学是犯错代价最低的四年。

所以，珍惜你的大学时光吧，好好利用你的空闲时间，成为掌握自己命运的独立思考者，发展自己的多元化才能，大胆地去尝试，通过不断的成功和挑战来学习和成长，成为融汇中西的人才。

当我在 2005 年面对人生最大的挑战时，你给了我大大的拥抱，还跟我说了一句法语“bonne chance”。这句话代表“祝你好运，祝你勇敢！”现在，我也想跟你说同样的话，bonne chance，我的天使和公主，希望哥伦比亚成为你一生中最快乐的四年，希望你成为你梦想成为的人！

爱你的，爸爸（和妈妈）

第 2 章　Windows 7 操作系统

2.1　基础实验：Windows 文件及文件夹的基本操作

计算机中的一切数据必须以文件为单位存放在磁盘上，才能永久保存。为了分门别类地管理好计算机中数以万计的文件，通常采用多级文件夹按倒立的“树状”目录结构进行管理，磁盘名称就像“树根”(通常称为“根目录”)，各级文件夹就像“树干或树枝”，所有的文件就像“树叶”一样“长”在不同的文件夹“树枝”上。【计算机】窗口用于管理计算机中所有的磁盘文件资源。

【实验目的】

1. 熟悉【计算机】窗口界面。

2. 掌握文件及文件夹的建立、重命名、查看与隐藏设置；掌握文件（夹）的搜索、移动、复制及删除等操作。

【实验内容】

1.【计算机】窗口界面。

2. 目录结构窗口、对象列表窗口、视图模式的切换。

3. 地址栏及搜索框的使用。

4. 文件夹及文件的创建、重命名、属性的查看及设置。

5. 文件夹及文件的显示与隐藏、移动及复制、选定、删除及回收站等操作。

6. 字体的安装。

【实验要求】

1. 通过阅读教材、上网查询资料，严格执行设定的各项任务，参考操作提示进行操作。

2. 上机安排：计划上机与课外上机相结合。

3. 本次实验是验证性的实验，为便于任课教师检查和评价学生实验结果，要求学生将关键步骤进行截图并打包，作为作业提交。

【任务 1】　熟悉【计算机】窗口及图标排列

任务要求：熟悉【计算机】窗口界面；会切换不同视图模式显示、排列窗口中当前文件夹图标。

（1）熟悉【计算机】窗口界面。

操作提示：

双击桌面上的【计算机】图标，打开图 2-1 所示的窗口。

该窗口有左右两个，左边窗口呈倒立的“树状”结构显示，右边窗口用于列表显示当前磁盘或文件夹中的所有文件夹或文件。窗口顶部还有地址栏和搜索框、菜单栏、动态工具栏（指工具栏上的按钮会根据当前窗口中显示对象的不同而有所变化）。

（2）切换视图模式，查看列表窗口的显示状态。

操作提示：

在图 2-1 中，在左边窗口中选定含有较多对象的文件夹（如 C 盘），单击左边第一个按钮（视图模式按钮），分别切换各种视图模式（如超大图标、中等图标、小图标、列表、详细信息、平铺及内容等），观察列表窗口（右边窗口）的显示状态有何不同？

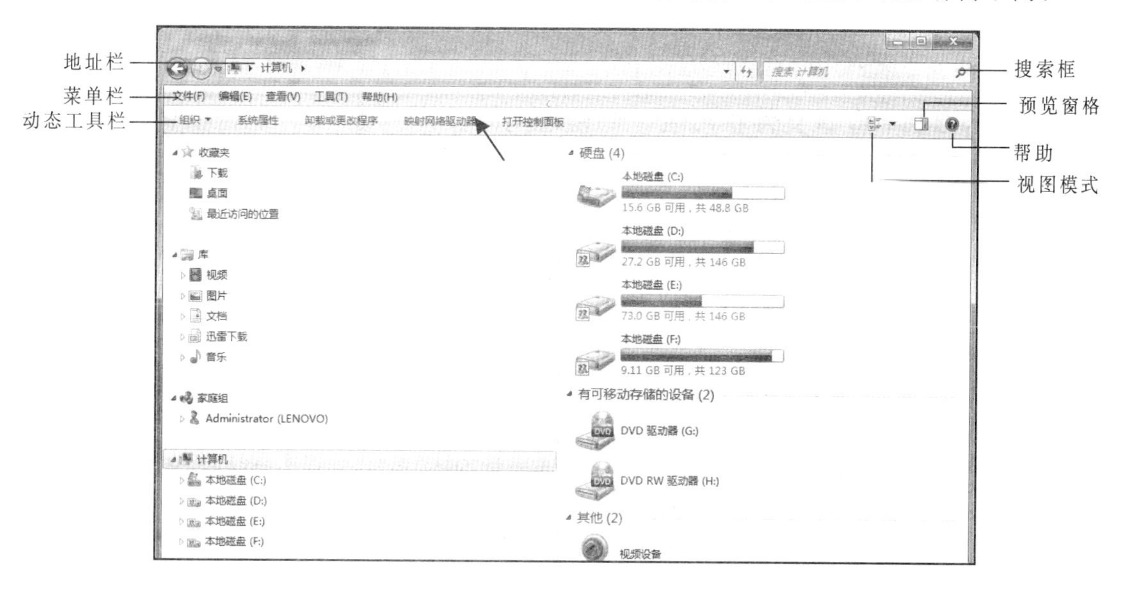

图 2-1　【计算机】窗口

特别训练：在【详细信息】视图模式下，分别单击【名称】【修改日期】【类型】【大小】等列表头，观察列表窗口文件图标是怎样改变的？

扩充训练：将鼠标指针指向列表窗口空白处右击，弹出图 2-2 所示的快捷菜单，分别对【查看】【排序方式】【分组依据】等相关图标浏览方式进行操作，并观察列表窗口中图标的变化。

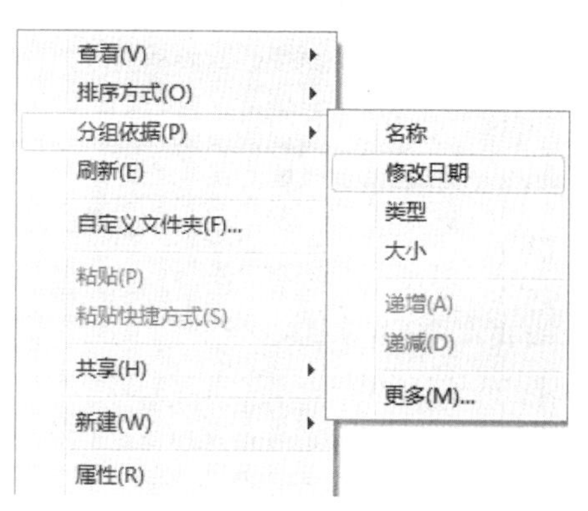

图 2-2　快捷菜单

【任务 2】　新建文件并重命名

任务要求：在本地磁盘 D 上新建一个文件夹，重命名为“张三的文件夹”（创建时将“张三”换成自己的名字，下同），再在此文件夹中创建一个文本文档，重命名为“张三的文件”。

（1）新建文件夹或文件。

操作提示：

方法一（新建并命名文件夹）：在图 2-1 的左边目录结构中，单击 本地磁盘 (D:) →单击其窗口上部的【新建文件夹】按钮，右边列表窗口中将出现一个新建的文件夹并处于重命名状态，输入文件夹名称后，单击其他地方或按【Enter】键完成操作。

方法二（新建文件夹/文件）：在图 2-1 的左边目录结构中，单击 本地磁盘 (D:) → 在右边窗口空白处右击→【新建】→【文件夹】(或【文本文档】)，后续操作同“方法一”。

（2）重命名文件夹或文件。

如果上面创建好了文件夹或文件但没有成功重命名，可以执行下面重命名操作进行重命名：

方法一：选择需重命名的文件或文件夹并右击→【重命名】，输入新名称后，单击其他地方或按【Enter】键完成操作（按【Esc】键取消重命名操作）。

方法二：选择需重命名的文件或文件夹，选择【文件】菜单→【重命名】；或按【F2】键也可完成重命名操作。

【任务 3】 查看文件扩展名，隐藏/显示文件

任务要求：查看“张三的文件”的属性及扩展名，隐藏和显示“张三的文件”。

（1）查看“张三的文件”的属性，并将其“隐藏”属性选定。

操作提示：

打开【计算机】窗口，在 D 盘选中“张三的文件”并右击→【属性】，弹出【张三的文件.txt 属性】对话框，选中 隐藏(H) 复选框，如图 2-3 所示。

（2）在文件的扩展名被隐藏的情况下，查看“张三的文件”的扩展名。

操作提示：

在图 2-1 窗口中选择【工具】菜单→【文件夹选项】(或【组织】→【文件夹和搜索选项】) →在【文件夹选项】对话框中选择【查看】选项卡→取消选择 隐藏已知文件类型的扩展名 复选框（见图 2-4），单击【确定】按钮。

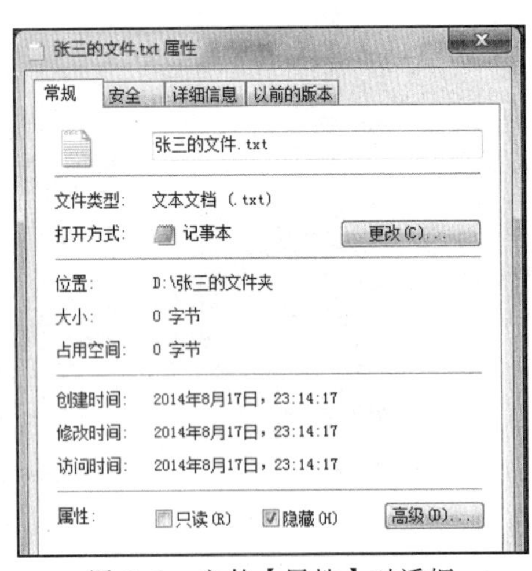

图 2-3 文件【属性】对话框

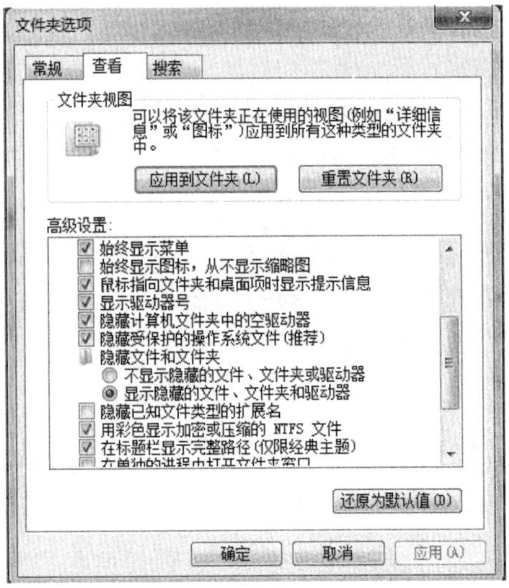

图 2-4 【文件夹选项】对话框

（3）隐藏和显示“张三的文件”。

计算机中有许多重要文件夹或文件，如许多系统文件夹和文件等。一旦将它们修改或删除将会产生严重后果，为了避免对其修改或删除，通常将其设置为隐藏。当需要修改这

些文件夹或文件时，将它们显示即可进行修改。

操作提示：

在图 2-4 中，在“隐藏文件和文件夹”选项组中选中 不显示隐藏的文件、文件夹或驱动器 单选按钮，设置成“隐藏”属性的所有文件夹或文件就不会被显示出来；若要显示被隐藏的文件夹或文件，只需选中 显示隐藏的文件、文件夹和驱动器 单选按钮即可。

【任务 4】　地址栏操作

地址栏（见图 2-5）主要用于各级文件夹之间的跳转，结合“前进”、“返回”按钮的使用，便于查看各级文件夹的内容。

操作提示：

打开“张三的文件夹”窗口（见图 2-5），分别单击地址栏中 本地磁盘 (D:) 和 计算机 看看地址栏和右侧列表窗口中内容发生什么变化？再分别单击“前进”、“返回”按钮看看又会发生什么变化？

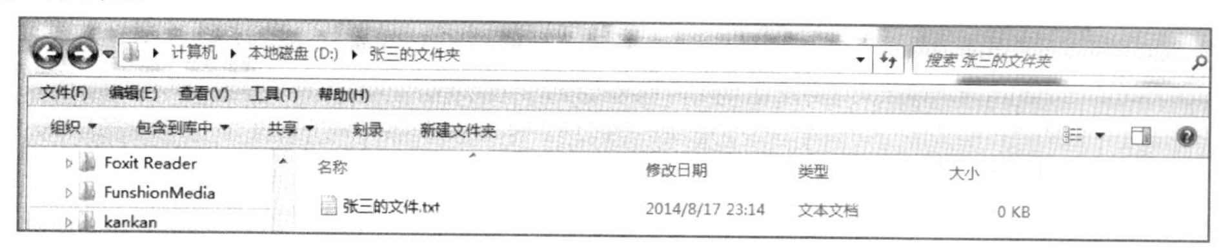

图 2-5　【计算机】窗口地址栏

【任务 5】　“搜索框”的使用

搜索框用于在本地计算机上所指定的文件夹内的所有文件夹和文件名称中，自动搜索包含有用户输入的“关键字”的文件夹或文件，并同时提供其修改日期和大小信息。“关键字”用于文件名称搜索，搜索框中还提供“修改日期”及“大小”等限定范围进行搜索。

操作提示：

在图 2-5 的当前文件夹为“计算机”的搜索框中输入“张三的文件”关键字，立即得出的搜索结果如图 2-6（a）所示，说明在计算机上搜索到一个对象。如果在左窗口选定 E 盘后，再单击“搜索框”，输入或选择已存在的“张三的文件”关键字，搜索结果如图 2-6（b）所示，说明指定文件夹中没有搜索到给定关键字要求的对象。思考：这是为什么？

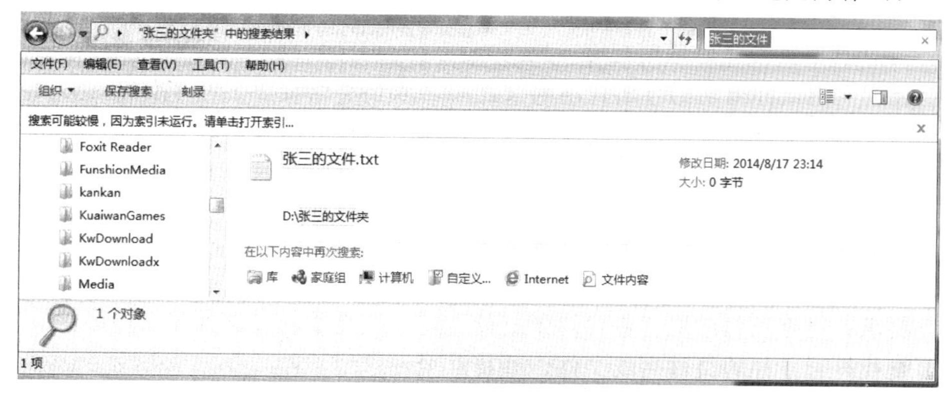

（a）

图 2-6　搜索结果

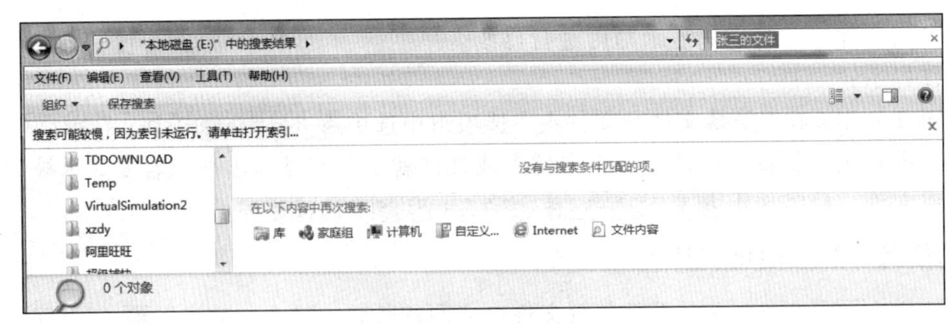

（b）

图 2-6 搜索结果（续）

【任务 6】 文件夹（文件）的移动与复制

任务要求：将“张三的文件夹”从 D 盘移动到 E 盘，再从 E 盘复制到 D 盘。

（1）将“张三的文件夹”从 D 盘移动到 E 盘。

操作提示：

方法一：打开【计算机】窗口，单击左边窗口中的 本地磁盘 (D: 盘符，展开其树状目录结构，从中选定“张三的文件夹”，按【Ctrl+X】组合键（或右击→【剪切】)，再单击选定左边窗口中的 本地磁盘 (E:) 盘符，按【Ctrl+V】组合键（或右击→【粘贴】)，完成将“张三的文件夹”从 D 盘移动到 E 盘的操作。

方法二：打开【计算机】窗口，在 D 盘中选定“张三的文件夹”，按住【Shift】键的同时按住鼠标左键不放将其拖动到 E 盘位置后，先释放鼠标左键再释放【Shift】键，便可将“张三的文件夹”从 D 盘移动到 E 盘。

（2）将“张三的文件夹”从 E 盘复制到 D 盘。

操作提示：

方法一：单击左边窗口中的 本地磁盘 (E:) 盘符，展开其树状目录结构，从中选定“张三的文件夹”，按【Ctrl+C】组合键（或右击→【复制】)，再单击选定左边窗口中的 本地磁盘 (D: 盘符，按【Ctrl+V】组合键（或右击→【粘贴】)，完成将“张三的文件夹”从 E 盘复制到 D 盘的操作。

方法二：打开【计算机】窗口，在 E 盘中选定“张三的文件夹”并按住鼠标左键不放将其拖动到 D 盘位置再释放鼠标左键，便可将“张三的文件夹”复制到 D 盘。

技能强调：用鼠标拖动的方法在不同文件夹之间移动或复制文件等对象时，常常需要【Ctrl】键与【Shift】键配合鼠标完成操作。当在同一盘符的不同文件夹之间拖动完成复制操作时需要同时按住【Ctrl】键不放，否则为移动操作；当在不同盘符的文件夹之间拖动完成移动操作时，需要同时按住【Shift】键不放，否则为复制操作。

【任务 7】 文件夹（文件）的删除及回收站

任务要求：将查找到的所有包含“张三的文件”关键字的文件夹和文件删除。

（1）查找符合条件的文件夹或文件，并将其全部选定。

操作提示：

打开【计算机】窗口，以“计算机”为搜索范围，在搜索框中输入“张三的文件”关键字，搜索结果共有 4 个，如图 2-7 所示。

下面需要选定含有“张三的文件”关键字名的所有文件夹及文件，其操作方法主要有：

方法一：按【Ctrl+A】组合键。

方法二：在搜索结果列表窗口，先选定第 1 个，按住【Shift】键不放单击最后一个。

方法三：在搜索结果列表窗口，按住【Ctrl】键不放，逐个单击选定。

方法四：在搜索结果列表窗口，鼠标从第 1 个文件开始在空白位置从上到下拖动框选。

其中方法一和方法二对于选定对象较多时，操作效率很高。

（2）对选定的对象进行删除。

删除操作分为逻辑删除或物理删除。逻辑删除就是把删除的文件夹或文件放入回收站中。若有必要，还可以随时从回收站中恢复删除的文件夹或文件；物理删除就是把文件夹及文件真正从计算机中删掉。执行物理删除后的文件夹或文件不能够再恢复回来。

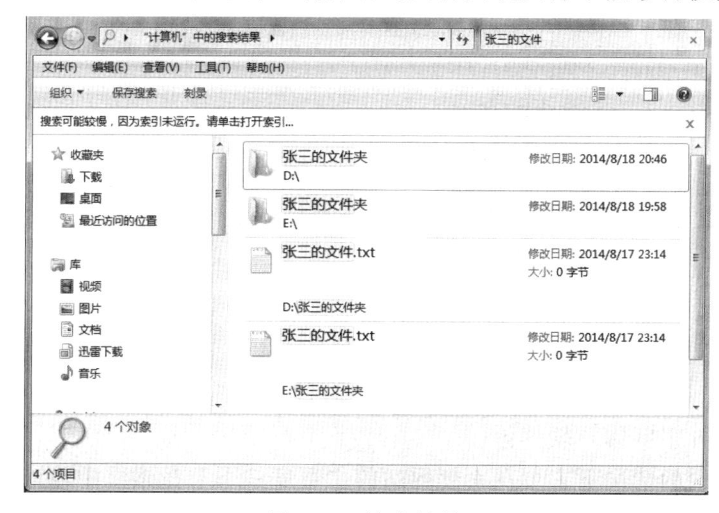

图 2-7　搜索结果

操作提示：

① 逻辑删除文件夹或文件。

方法一：选定要删除的文件夹或文件后，选择【文件】→【删除】命令。

方法二：选定要删除的文件夹或文件并右击→【删除】。

执行上述逻辑删除操作后，弹出的对话框如图 2-8（a）所示，单击【是】按钮确认。

② 物理删除文件夹或文件。

方法一：在执行逻辑删除操作命令前，若先按住【Shift】键不放，弹出图 2-8（b）所示的对话框，单击【是】按钮确认。

方法二：先执行逻辑删除操作，再从“回收站”中清除。

（a）逻辑删除

（b）物理删除

图 2-8　删除提示对话框

操作拓展：

若执行了逻辑删除操作，马上双击桌面上的“回收站”图标，在打开的窗口中选择【详细信息】视图模式，并单击“删除日期”列表字段，即可看到了刚刚删除的对象，如图2-9（a）所示，若选定其中的文件（夹）对象并右击，在弹出的快捷菜单中提供【还原】【删除】【剪切】等命令（见图2-9（b））：若选择【还原】命令，就将选定的文件（夹）对象还原到逻辑删除之前的原来位置；若选择【删除】命令（无须再按【Shift】键），就进行了物理删除。

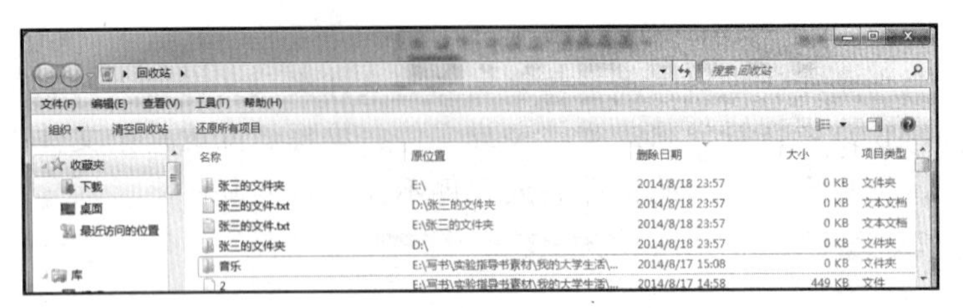

（a）“回收站”窗口

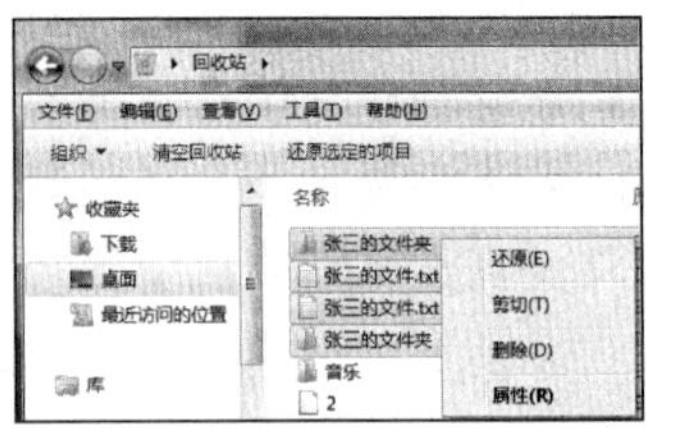

（b）右键快捷菜单

图2-9 “回收站”窗口及其右键快捷菜单

【任务8】 【控制面板】的使用

控制面板是Windows图形用户界面的一部分，允许用户查看并操作基本的系统设置和控制，是Windows系统中非常重要的系统界面。本任务以安装“方正字体”为例，熟悉【控制面板】的使用。

操作提示：

（1）下载“方正字体”软件包。

在连接因特网的情况下，可在百度网站的“百度一下”搜索框中输入“方正字体”按【Enter】键确定，打开相关网站下载方正字体软件包。

（2）安装“方正字体”。

方法一：将下载的压缩文件解压后选定“方正字体.ttf”文件，按【Ctrl+C】组合键（复制到剪贴板），再单击【开始】→【控制面板】→（“大图标”或“小图标”模式）【字体】→按【Ctrl+V】组合键（粘贴命令），完成安装过程。

方法二：将下载的压缩文件解压后选定“方正字体.ttf”文件，按【Ctrl+C】组合键（复制到剪贴板），打开【计算机】窗口→在目录结构窗口（左窗口）按照“C:\Windows\Fonts”路径依次展开→选定“Fonts”文件夹→按【Ctrl+V】组合键（粘贴命令），完成安装过程。

2.2 综合实验：Windows实用性操作及技能

【实验目的】

1. 掌握桌面常规管理相关技能。
2. 掌握任务栏管理相关技能。
3. 了解、掌握Windows附件工具包的使用。
4. 了解Windows小工具的使用。

【实验内容】

1. 桌面图标的显示与排列，屏幕分辨率及屏幕刷新频率的设置。
2. Windows 窗口的 3D 显示及外观主题。
3. 任务栏属性、订书钉功能、按钮的“合并隐藏”功能。
4. 输入法安装及显示、通知区域图标设置。
5. 计算器、画图程序及裁切工具的使用。
6. 添加日历小工具到桌面上。

【实验要求】

1. 通过阅读教材、上网查询资料，严格执行设定的各项任务，参考操作提示进行操作。
2. 上机安排：计划上机与课外上机相结合。
3. 本次实验主要是验证性的实验，为便于任课教师检查和评价学生实验结果，要求学生将关键步骤截图并打包，作为作业提交。

【任务 1】　定制个性化桌面

（1）桌面图标大小显示、排列，屏幕分辨率及刷新频率设置。

操作提示：

右击桌面空白处，弹出图 2-10 所示的快捷菜单，根据任务要求分别进行不同后续操作。

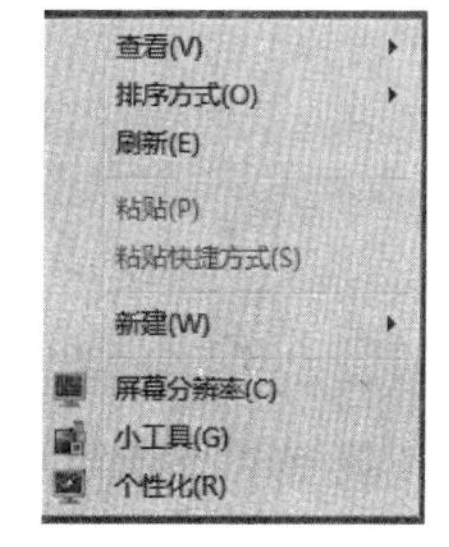

图 2-10　桌面【快捷菜单】

① 设置桌面图标为“小图标”模式：【查看】→【小图标】。

② 将桌面图标按“项目类型”排列：【排序方式】→【项目类型】。

③ 设置屏幕分辨率为 800×600，屏幕刷新频率为 60 赫兹。

选择【屏幕分辨率】命令→单击弹出窗口中的 分辨率(R): 1920 x 1080 (推荐) 中“▼”按钮，选择“800×600”，如图 2-11 所示，单击【高级设置】→【监视器】选项卡→更改【屏幕刷新频率】为 60 赫兹（见图 2-12）。

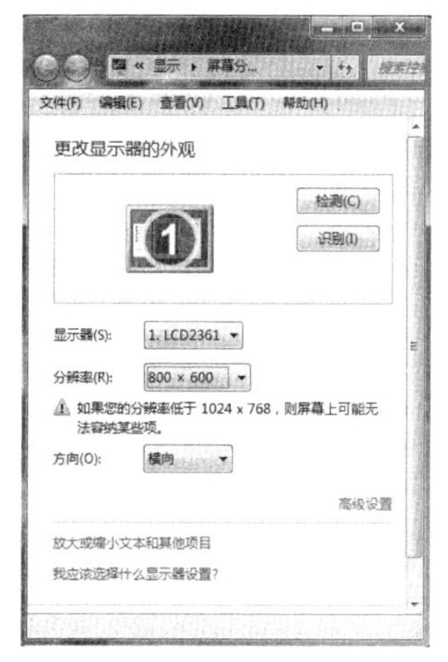

图 2-11　【屏幕分辨率】窗口

图 2-12　【监视器】选项卡

操作拓展：

按住【Ctrl】键不放，鼠标指向桌面并滚动中间滚轮，将动态改变桌面图标大小。特别指出：此操作也能改变计算机“文件夹”窗口，以及 Office 文档编辑等窗口的显示比例尺寸。

（2）3D 效果显示，桌面背景及相关“主题”个性化设置。

操作提示：

① 3D 效果显示。当主题设置不是【基本和高对比主题】时，按【Win+Tab】组合键，桌面将使打开的程序窗口出现 3D 效果，如图 2-13 所示。

图 2-13 桌面的 3D 效果显示

② 桌面背景及相关“主题”个性化设置。

在图 2-10 中选择【个性化】命令，打开【个性化】窗口，如图 2-14 所示。单击其中某个主题，系统的外观就设置成了这种主题模式。

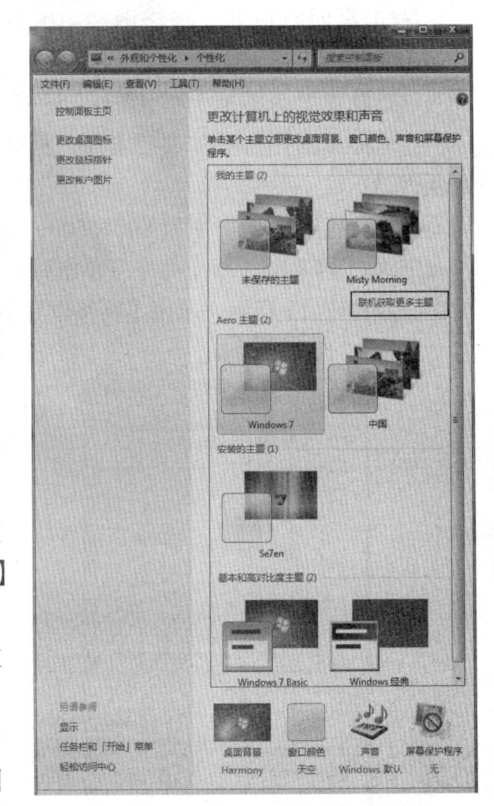

图 2-14 【个性化】窗口

系统提供有【我的主题】【Aero 主题】【安装的主题】及【基本和高对比主题】等主题外观显示模式。不同的主题模式赋予了 Windows 应用程序窗口多态的个性化显示效果，用户可以单击【联机获取更多主题】。其中“Windows Basic”和“Windows 经典”主题功能最少，因而占用系统资源也最小，“Windows 经典”主题保持着 Windows 2000 版本的风格。

a. 更改系统图标外观：单击图 2-14 中【更改桌面图标】超链接，可通过弹出的【桌面图标设置】对话框对桌面系统图标外观进行更改。

b. 更改鼠标指针形状：单击图 2-14 中【更改鼠标指针】超链接，可更改鼠标指针的形状。

c. 更改账户图片：单击图 2-14 中【更改账户图片】超链接，可以更改系统管理员及其他账户图标的形状。

d. 更改桌面背景：单击图 2-14 中【桌面背景】超链接，可以将计算机上保存的图片导入作为桌面背景，还可选择多张背景图片按设定的更改时间呈幻灯片形式切换桌面背景。

e. 设置屏幕保护程序：单击图 2-14 中【屏幕保护程序】超链接，设置屏幕保护程序。如设置屏幕保护程序为“三维文字”类型，自定义文字为“亲，欢迎您用我！”旋转类型为“滚动”，等待时间为 1 min，其他设置默认，设置完成后单击【确定】按钮。观察设定效果。

【任务 2】 任务栏设置

（1）设置任务栏为隐藏。

操作提示：

右击任务栏或【开始】菜单→【属性】→选中【自动隐藏任务栏】复选框，如图 2-15 所示。

（2）将 Word 2010 锁定到任务栏，并新建一个名为“张三”的 Word 文档，使用“订书钉”将此文档置于【已固定】区域，然后将 Word 2010 从任务栏解锁。

① 将 Word 2010 锁定到任务栏。

操作提示：

在确认任务栏上没有图标条件下，打开【开始】菜单→右击【Microsoft Word 2010】（见图 2-16）→【锁定到任务栏】，任务栏上将呈现图标。

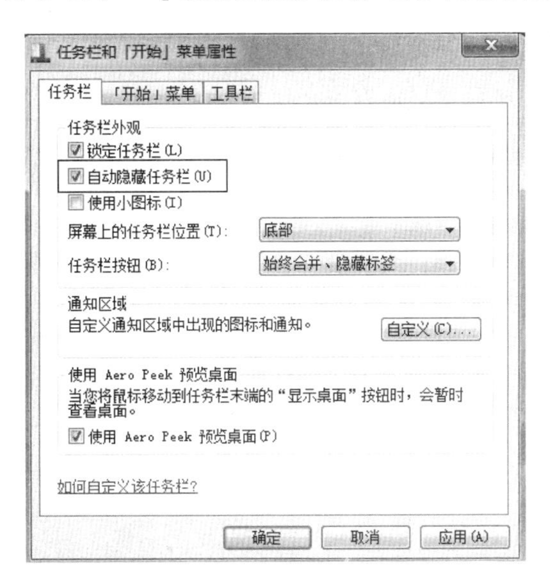

图 2-15 【任务栏和「开始」菜单属性】对话框

图 2-16 【开始】菜单

② 新建“张三”Word 文档，并使用“订书钉”将其置于【已固定】区域。

操作提示：

第一步：在完成①操作条件下，单击任务栏上的图标即可启动 Word 应用程序，选择【文件】→【保存】→在【另存为】对话框的【文件名】文本框中输入文件名“张三”（其他设置可默认）→【保存】→退出 Word 应用程序。

第二步：右击任务栏上图标，将鼠标指针经过“张三.docx”右侧，会出现图 2-17（a）所示的图标①。单击“订书钉”图标，“张三.docx”文件就从快捷菜单中的【最近】区域移动到了【已固定】区域（见图 2-17（b）②）。

（a）

（b）

图 2-17　设置“订书钉”功能

③ 将 Word 2010 从任务栏解锁。

操作提示：

鼠标指向任务栏上W图标并右击→选择【将此程序从任务栏解锁】命令。

强调：通过将程序锁定在任务栏，使程序启动更加方便；使用“订书钉”功能，将应用程序中常用的文档置入【已固定】区域，使文档的打开更加便捷。

（3）安装万能五笔输入法，并将输入法排序为：美式键盘、万能五笔输入法，将其他输入法全部删除，最后将任务栏上的输入法图标隐藏。

① 安装万能五笔输入法。有的输入法 Windows 系统没有自带，如万能五笔、陈桥五笔等，需要的用户可自行安装。

操作提示：

用户可从网络上下载万能五笔输入法软件包→解压→运行“setup.exe”安装文件，按提示操作即可完成。

② 将输入法按“美式键盘、万能五笔输入法”排序，删除其他输入法，并将任务栏上的输入法图标隐藏。

操作提示：

【开始】→【控制面板】→【时钟、语言和区域】(或【区域和语言】)→弹出【区域和语言】对话框→【键盘和语言】选项卡→【更改键盘】按钮→弹出“文本服务和输入语言”对话框，如图 2-18（a）所示。下面是对该对话框的操作：

a. 如果单击【添加】按钮，可以添加 Windows 系统中其他输入法。

b. 选定“微软拼音-简捷 2010”，单击【删除】按钮，即可将该输入法删除。同样操作，除“美式键盘”和“万能五笔输入法”外，将其他输入法一一删除；通过【上移】和【下移】按钮使输入法按“美式键盘、万能五笔输入法”排序。操作结果如图 2-18（b）所示。

c. 单击“语言栏”选项卡，选中“隐藏”单选按钮，如图 2-18（c）所示。需特别说明：在此仅介绍输入法图标隐藏方法，一般情况下输入法图标是不隐藏的。

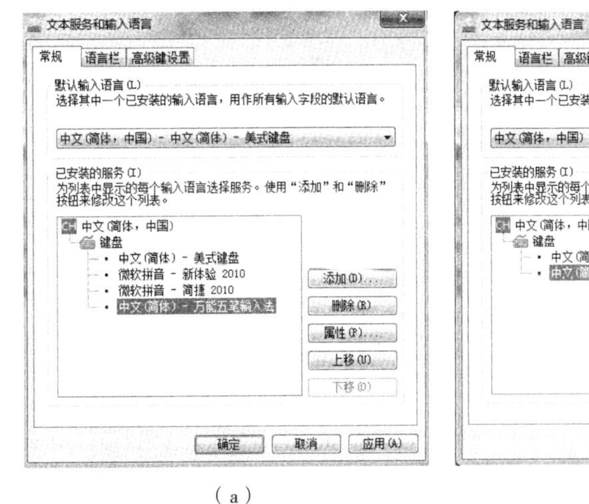

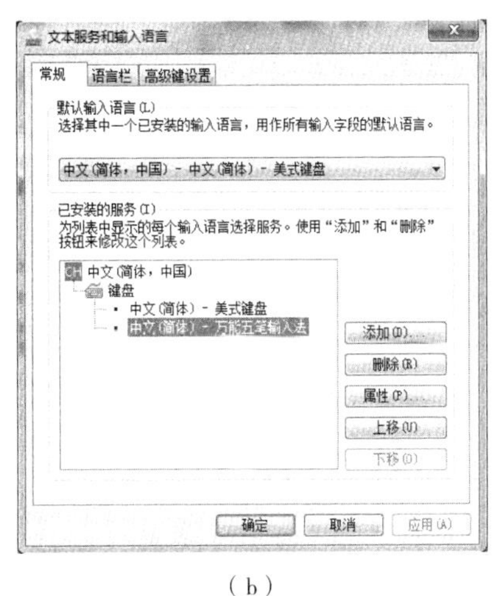

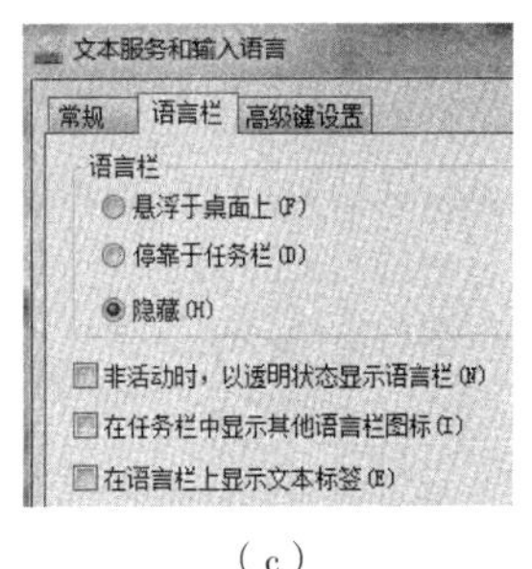

（a）　　（b）　　（c）

图 2-18　输入法设置

（4）取消任务栏上按钮的“合并隐藏”功能；在通知区域显示“音量”图标。

① 取消任务栏上按钮的“合并隐藏”功能。鼠标指向任务栏上W图标时，马上呈现图 2-19（a）所示图形状态，说明当前打开有 3 个 Word 文档，但在任务栏上只显示出一个W图标，这就是所谓的按钮“合并隐藏”功能。按钮的“合并隐藏”功能，是 Windows 7 的新功能之一，它使任务栏更加简洁。如果想还原成旧版本的 Windows 系统任务栏图标的并列显示模式是可以的。

操作提示：

右击任务栏→【属性】→弹出“任务栏和「开始」菜单属性”对话框→选择“任务栏”选项卡→在【任务栏按钮】下拉列表框中选择【从不合并】选项→【确定】。任务栏上的显示立即变成图 2-19（b）所示状态。

（a）“合并隐藏”功能状态

（b）按钮“并列”显示状态

图 2-19　设置任务栏按钮显示状态

② 在通知区域显示【音量】图标。由于【音量】图标在通知区域被隐藏了，给调节音量操作带来不便。

操作提示：

右击任务栏→【属性】→弹出“任务栏和「开始」菜单属性”对话框→选择“任务栏”选项卡→【自定义…】→将【音量】的【行为】设置为【显示图标和通知】即可，如图 2-20（a）和图 2-20（b）所示。

（a）　　　　　　　　（b）

图 2-20　音量行为设置

【任务 3】　小工具的使用

在桌面右上角添加“日历”小工具，并呈“较大尺寸”显示。

小工具是 Windows 7 操作系统的新特色之一。这些小工具虽“小”但很实用，有 CPU 仪表盘、幻灯片放映、货币、日历、时钟、天气等。

操作提示：

右击桌面空白处→【小工具】→从小工具窗口中将“日历”拖到桌面的右上角，并用鼠标指向其右上部外边界处，单击小图标，操作结果如图 2-21 所示。

图 2-21　“日历”小工具

【任务 4】　【附件】的使用

Windows【附件】中有许多工具，如“计算器”“画图”“截图工具”“写字板”“记事本”“运行”等。这些工具非常实用。

（1）使用【计算器】将十进制数$(255)_{10}$转换成二进制数。

Windows 7 计算器的改进非常大，其实用功能有不少的扩展。除了常规的计算功能之外，还能进行日期计算、单位换算、油耗计算、分期付款月供计算等。

操作提示：

① 打开“计算器”：

方法一：单击【开始】按钮→在【搜索程序或文件】文本框中输入“计算”关键字，在【开始】菜单顶部就显示出了 计算器 搜索结果→单击该图标即可打开“计算器”，（见图 2-22（a））。

方法二：单击【开始】→【所有程序】→【附件】→【计算器】。

② 进行计算：

在“计算器”窗口中，选择【查看】→【程序员】→选中“十进制”单选按钮→在键盘上直接输入 255（或用鼠标分别单击【计算器】窗口中的“2”“5”“5”），确认 255 上“屏”后，选中“二进制”单选按钮，得出计算结果为二进制数$(11111111)_2$，如图 2-22（b）所示。

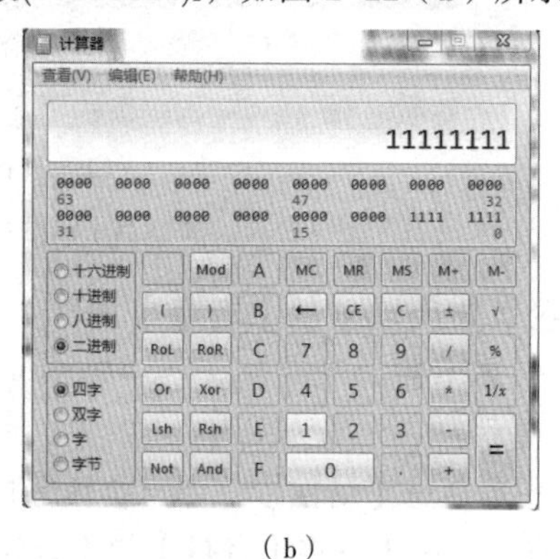

（a）　　　　　　　　（b）

图 2-22　【计算器】工具的使用

（2）启动画图程序，制作图 2-23 所示的作品。

画图程序的主要功能就是图片的简单处理，主要功能有裁剪、图片的旋转、调整大小及简单画图等，是非常实用的工具。

操作提示：

① 启动【画图】程序和【截图工具】程序：【开始】→在【搜索程序和文件】文本框中输入“画图”关键字，在“程序”顶部出现画图程序→鼠标指向该图标双击，完成启动画图程序的操作。

说明：【画图】程序、【截图工具】程序和【计算器】程序都在 Windows【附件】中，可参考打开【计算器】的方法打开它们。

② 调整画布大小：将鼠标指针指向画布右、下或右下角的边缘控制点，待鼠标指针变成↔、↕或倾斜的“双箭头”时，拖动鼠标将画布变大到 700 像素 × 800 像素左右（可通过状态栏右侧“显示比例滑块 100% ”调节画布显示比例到适当大小）。

③ 截取“【开始】按钮”，并将其复制到【画图】程序中。

启动“截图工具”：单击【开始】→【所有程序】→【附件】→截图工具，打开“截图工具”程序。

激活截图工具→【新建】，整个桌面处于截图状态→将鼠标指针从“【开始】按钮”左上角开始向右下角拖动，直到把整个图标包含在内时释放鼠标左键，截图操作完成（见图 2-24）。

④ 单击【复制】图标→激活【画图】程序→单击功能区左侧的【粘贴】按钮（或按【Ctrl+V】组合键），“【开始】按钮”被复制到【画图】程序中。

⑤ 按【Alt+PrintScreen】组合键截取“【开始】菜单”到【画图】程序中。

问题说明：由于“【开始】菜单”的展开不能与“截图”状态同时存在，因此不能使用截图工具完成截取“【开始】菜单”的操作。此处使用快捷键【Alt+PrintScreen】完成。

××班××的作品

图 2-23 “裁切工具”作业

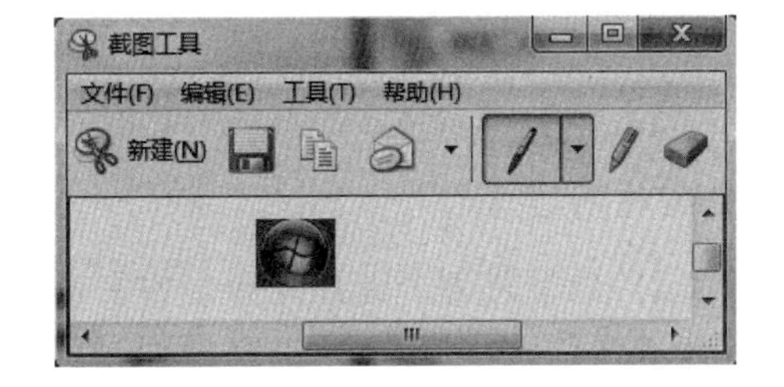

图 2-24 “裁切工具”抓图

操作提示：

按【Win】键（或单击【开始】按钮）→按【Alt+PrintScreen】组合键，激活【画图】

程序→单击【粘贴】按钮（或按【Ctrl+V】组合键），“【开始】菜单”被复制到【画图】程序中。必要时使用“画图”程序【主页】→【图像】命令组中的【裁切】按钮对“【开始】菜单”图片进行适当修剪，并用鼠标拖动到适当位置。

⑥ 绘制“箭头”，输入文字：

在【画图】程序中，单击【主页】→【形状】命令组中的“⇨”形状，绘制“箭头”；单击【主页】→【工具】命令组中的【文本】按钮A，输入文本：“××班××的作品”（操作中把××换成自己的姓名），并调整好位置。

⑦ 保存作品：

单击【画图】程序左上角的按钮→【保存】（或【另存为】）→在【另存为】对话框中（见图 2-25）进行如下设置。

a. 确定保存位置：可展开左窗口中目录结构选定，可同时观察地址栏的变化。

b. 输入文件名：在【文件名】文本框中输入文件名“××班××的作业”，在【保存类型】下拉列表框中选择文件类型为“JPEG(*.jpg;*.jpeg;*.jpe;*.jfif)”，单击【保存】按钮。

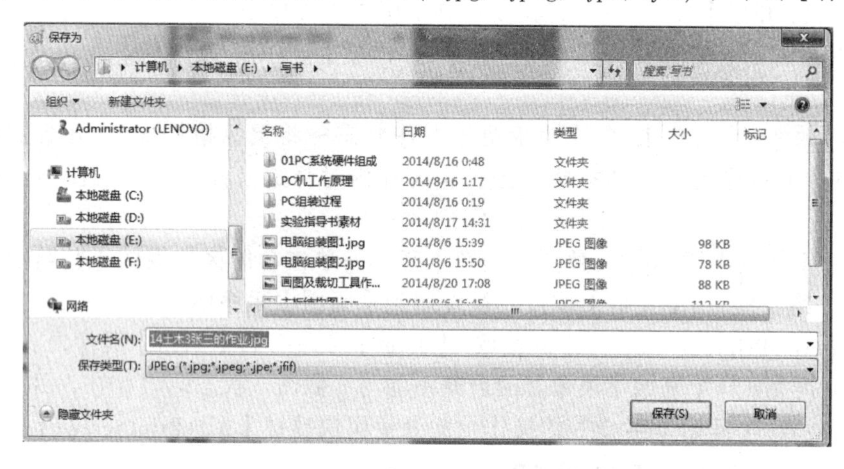

图 2-25 【另存为】对话框

2.3 能力目标实验：组装一台微型计算机系统

【实验目的】

1. 熟悉微型计算机的各个主要部件。
2. 熟悉组装一台微机的整个过程。
3. 熟悉 Windows 7 操作系统的安装过程。

【实验内容】

1. 微型机各个部件简介。如主板、CPU、内存、显卡、硬盘、声卡、网卡、光驱（将逐步被淘汰）、显示器及键盘鼠标等。
2. 微型计算机硬件组装。
3. 安装 Windows 7 操作系统。
4. 安装应用软件。

【实验要求】

1. 通过阅读教材、上网查询资料、走访计算机公司参与参加课外实践，思考（若条件允许就动手实验），按要求完成如下实验。

2. 教学安排：课外自主学习实践。

3. 本实验主要手脑并用，注重实践过程及实践经验的培养。

【任务 1】 重要部件的认识

办公用的计算机系统硬件配置一般包括主板、CPU、内存、显卡、硬盘、网卡、键盘、鼠标及打印机等。多媒体计算机还包含多媒体套件（如光驱、声卡、音箱等）。

（1）微处理器 CPU：微处理器 CPU（Central Processing Unit，又称中央处理器）由控制器及运算器组成，是计算机系统中核心器件之一，它决定着计算机的性能和档次。其功能主要是解释计算机指令以及处理软件中的数据。计算机中所有操作都由 CPU 负责读取指令，对指令译码并执行指令。CPU 外观如图 2-26 所示。

图 2-26 CPU 外观

常见的微型机 CPU 有 Intel 和 AMD 两大类。目前大多数 CPU 是多核的。Intel 系列有 Pentium、酷睿 i3 / i5 / i7 及面向低端的 Celeron 等，AMD 系列有速龙及高端的羿龙等。

（2）内存条：内存条是连接 CPU 及其他设备的通道，起到缓冲和交换数据的作用，程序只有调入内存才能运行。存储器容量是衡量计算机系统性能的一项重要指标，计算机的执行速度与存储器容量密切相关。

常用内存条有 168 线 SDRAM 及 RDR（rambus）、184 线 DDR、240 线 DDR2 及 DDR3。不同主板的内存插槽可能不同，其所支持的内存条也不尽相同。目前主流内存是 DDR3，单条容量 1 GB 以上。内存条外观如图 2-27 所示。

图 2-27 内存条外观

（3）主板：主板（Mother Board）是连接各个部件的基本通道，一般包括组成计算机的主要电路系统、BIOS 芯片、扩充插槽及 I/O 芯片等元件。主板上有 CPU 插座、磁盘插口、内存插槽、扩展 I/O 总线插槽、键盘和鼠标接口及 COM 接口等。根据系统运行的需要，控制着各部件之间的指令流及数据流，是计算机硬件系统的核心部件之一。主板的性能取决于芯片组（见图 2-28）。

常见主板品牌有华硕、微星、技嘉、Intel、七彩虹、精英、梅捷、映泰等品牌。根据所支持CPU类型的不同又将主板分为不同的型号与系列。

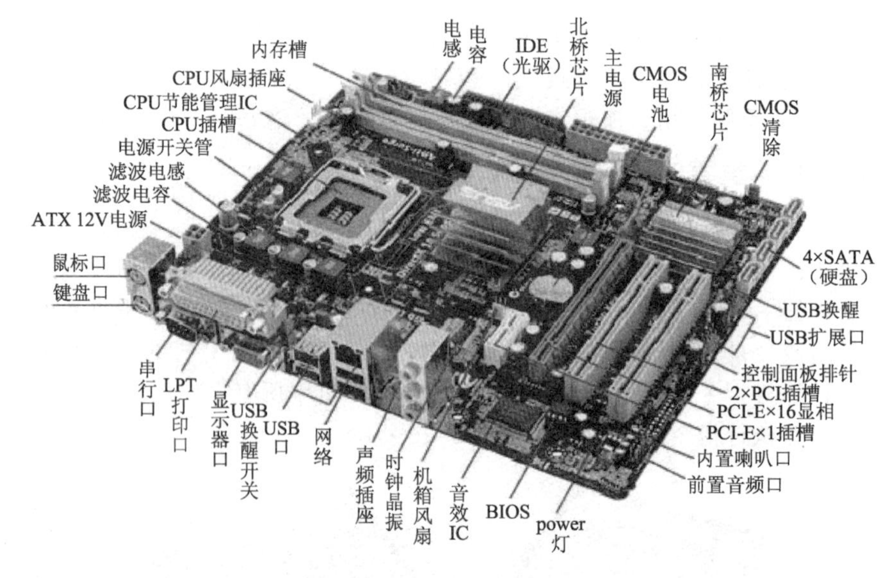

图 2-28 微型计算机主板结构

（4）外设接口卡和功能卡：外设接口卡是外设与主机通信的接口部件。主板上除了一些标准设备的接口外，通常还有系统或工作所需的其他一些外部扩展设备，它们必须配置与主机相连的接口卡才能正常工作，如显卡、声卡、网卡及用于各种其他服务的多功能卡等（图2-29所示为显卡、图2-30所示为网卡、图2-31所示为声卡）。

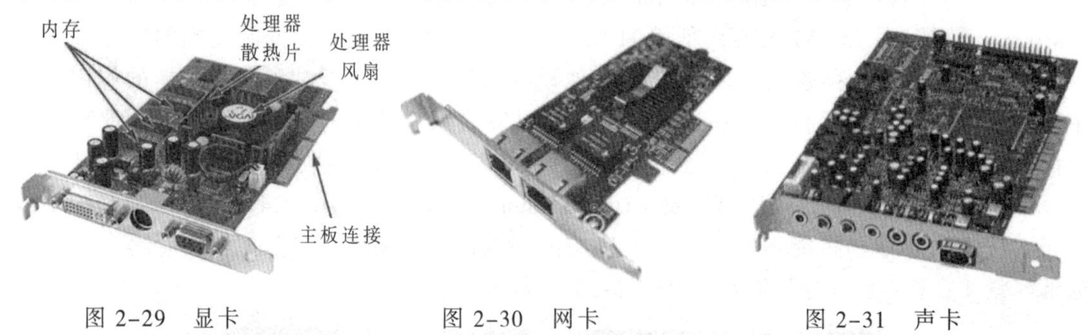

图 2-29 显卡　　图 2-30 网卡　　图 2-31 声卡

（5）其他外围设备：其他外围设备包括硬盘、显示器、键盘、打印机、鼠标及音箱等，外观较直观常见，在此不作赘述。

【任务2】 硬件组装

（1）准备工作。

在着手组装一台完整的多媒体计算机之前，应先准备好各个部件，并搞清楚各个配件的安装位置，如图2-32所示；还应准备好组装时所需的基本工具：梅花螺丝刀、美工刀、剪子、硅脂及扎带等，如图2-33所示。

（2）硬件组装流程。

组装硬件一般应按照图2-34所示组装流程图及组装顺序进行。即组装顺序为：CPU

安装→CPU 风扇安装→内存条安装→电源安装→主板安装→显卡安装→硬盘安装→光驱安装（可选）→引线连接→外设安装→开机测试。

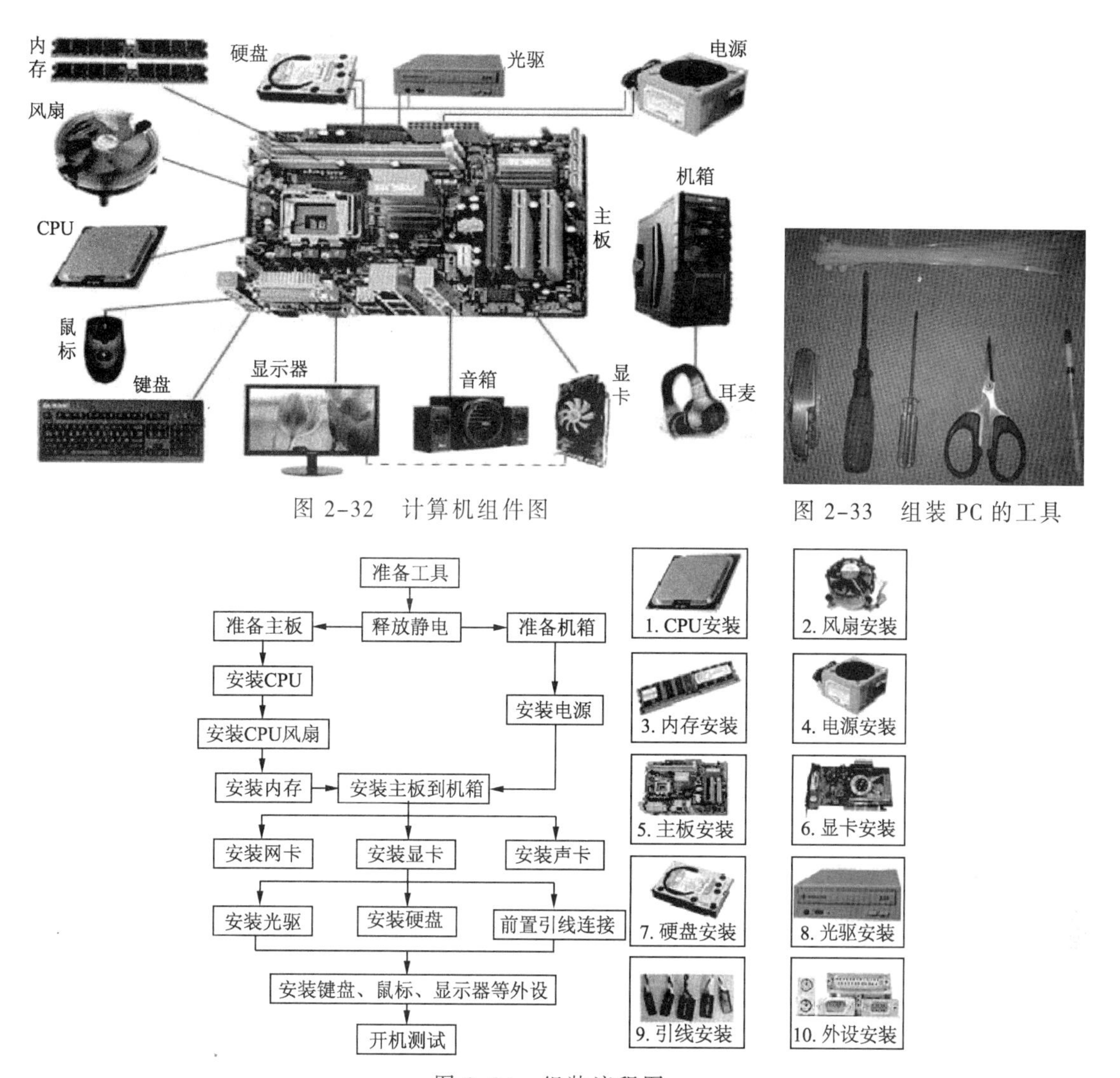

图 2-32 计算机组件图

图 2-33 组装 PC 的工具

图 2-34 组装流程图

硬件组装过程中的注意事项：

- 防止静电：静电容易损坏集成电路，安装前最好洗手或用手触摸一下接地的导线以便释放身上的静电。
- 正确按照安装流程及方法安装。各个部件应轻拿轻放，尤其是硬盘。
- 对各部件说明书及驱动程序盘等进行检查，并认真阅读说明书，以便正确安装各部件及驱动程序。
- 安装 PCI 及 AGP 卡时，要保证安装到位，因为上螺丝时，有些卡会上翘或松脱，造成部件工作不正常甚至损坏。

① 主板的安装过程。

a. 安装 CPU。

操作提示：

需要特别注意：在 CPU 的一角上有一个三角形标识，观察主板上的 CPU 插座，同样会发现一个三角形的标识。安装时，处理器上的三角标识一定要与主板上的三角标识对齐，然后再慢慢地将处理器轻压到位。这对于使用针脚设计的处理器来说，如果方位不对 CPU 就无法安装到位，这是安装时要特别注意的地方。安装方法是：先打开 CPU 插座，用适度之力向下微压以便固定 CPU 的压杆，同时往外推其压杆，使其脱离固定卡扣。操作过程分别见图 2-35（a）～（d）。

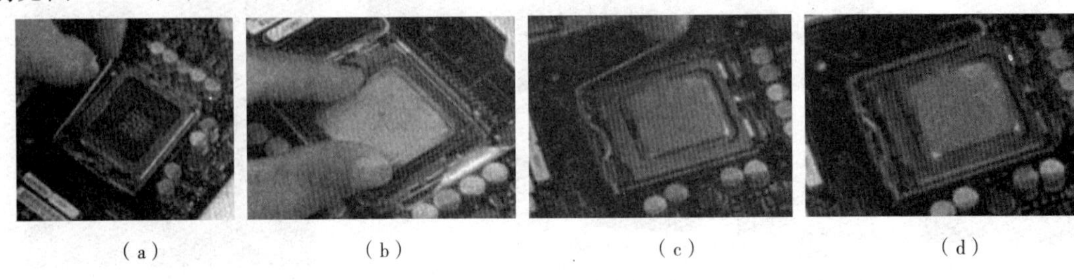

（a）　（b）　（c）　（d）

图 2-35　安装 CPU

b. 安装 CPU 散热器（风扇）。

操作提示：

安装时将散热器四角对准主板相应位置后，用力压下各边扣具即可。对于采用螺丝设计的散热器的安装，还要在主板背面相应位置安上螺母。安装完成 CPU 风扇后，还要将其电源线插头与主板上的相应插座连接。

c. 安装内存条。

操作提示：

扳开内存插槽两侧的卡扣，将双手拇指与食指握住内存条的两端，并将内存条上缺口对准内存槽上“凸起”位置，两手同时垂直下按，直到插槽两边卡子弹起刚好卡住内存两端缺口，并听到“咔”的一声，表示内存条安装到位。需要注意：如果组双通道，两根内存就要插在同一种颜色的插槽上；往下按压时用力要均匀，切不可前后晃动内存条，避免损坏内存条，如图 2-36 所示。

图 2-36　安装内存条

② 安装电源和连接主板上的电源插座。

操作提示：

将电源放进机箱的电源位置（注意方向），并用螺丝固定。PC 电源及安装 PC 电源过程分别见图 2-37（a）和图 2-37（b）。

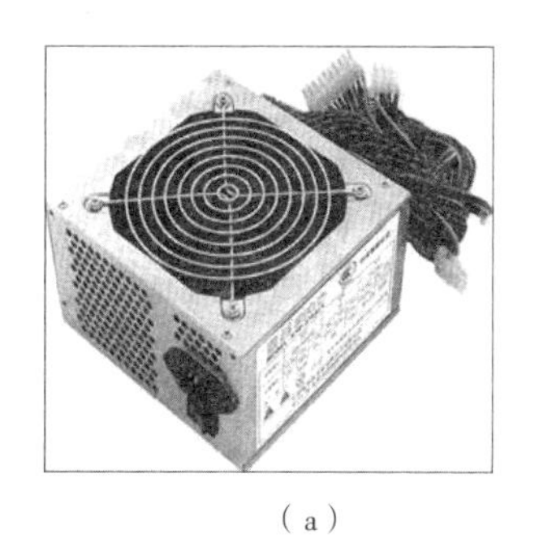

（a）

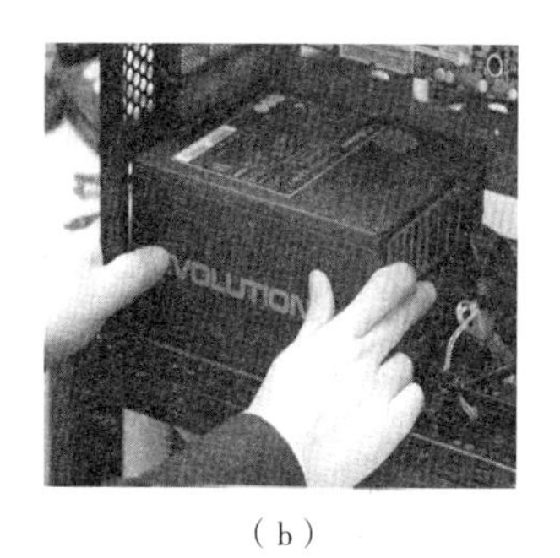

（b）

图 2-37　PC 电源及安装 PC 电源

ATX 架构电源称为业界的主流标准。ATX 电源提供三组插头。为防止插反，插座上有半圆孔，只需把主板电源插头插入插座即可。

③ 安装主板。

操作提示：

目前，大多数主板板型为 ATX 或 MATX 结构，一般机箱都符合这种设计标准。当主板上装好了 CPU 及内存条后，就可以将主板装入机箱内。安装主板的方法是（见图 2-38）：

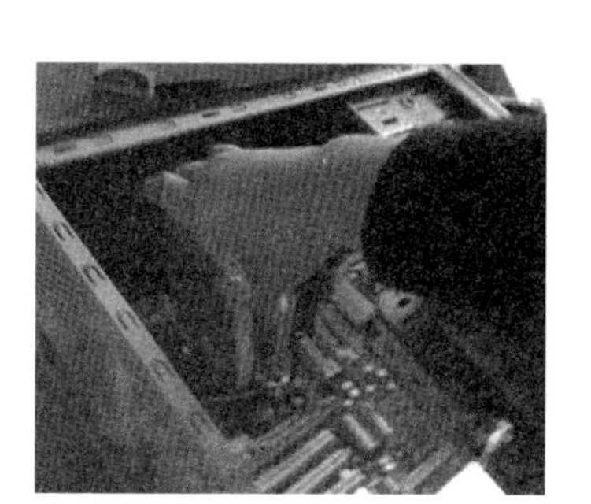

图 2-38　安装主板

a. 打开机箱侧边对应的一块挡片。

b. 将机箱提供的主板垫脚螺母安放到机箱主板托架的对应位置 （有些机箱购买时就已经安装）。

c. 用手拿散热风扇把主板放到机箱内（注意方向），将主板上接口与机箱的镂空位置对齐，使接口显露出来。

d. 按对角上法把主板上所有的螺丝全拧上，避免主板受力不平衡。

④ 安装显卡。

操作提示：

显卡分为集成（板载）显卡和独立显卡两种。独立显卡是指以独立的板卡存在，需要插在主板的相应接口上（有一些带集成显卡的主板没有独立显卡插口，因而不能扩充独立显卡）。独立显卡不占用系统内存，技术上领先于集成显卡，能够提供更好的显示效果和运行性能。

如图 2-39（a）所示，前后较长的两根叫 PCI-E 插槽，供插显卡（AGP）用；中间较短的两根叫 PCI 插槽，供插声卡及网卡等板卡用。

安装独立显卡前，要把机箱后相应位置的挡板拆掉，看清显卡的卡槽位置后，用手轻轻地把显卡插入主板（见图 2-39（b）），再用螺丝刀固定显卡到计算机机箱上（见图 2-39（c））。

（a）显卡插槽

（b）安装主板

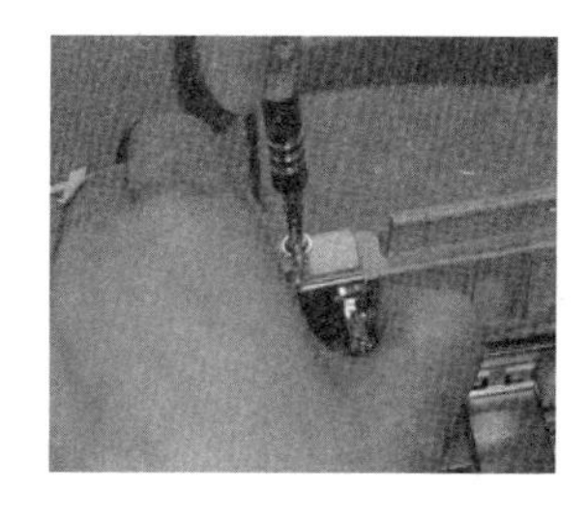

（c）固定显卡

图 2-39　安装显卡

⑤ 安装硬盘。

操作提示：

将硬盘固定在机箱的3.5英寸硬盘托架上。对于普通机箱，只需要将硬盘放入机箱的硬盘托架上并拧紧螺丝使其固定即可。硬盘要放稳，不要有抖动，否则硬盘很容易被损坏。硬盘的正面、背面及硬盘的安装分别如图2-40（a）（c）所示。

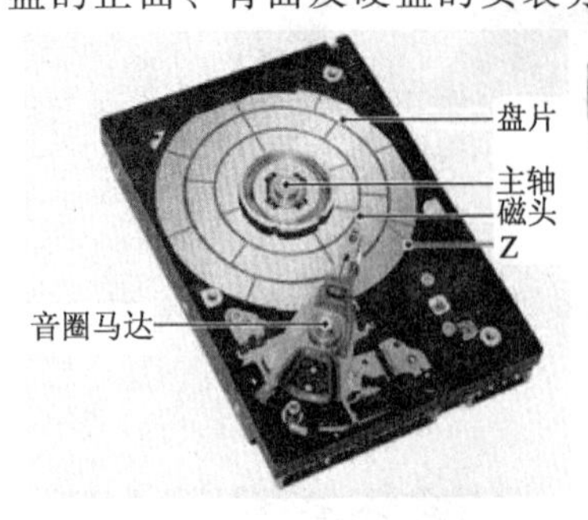

（a）硬盘正面

（b）硬盘背面

（c）固定硬盘

图2-40 安装硬盘

⑥ 设置硬盘与光驱的主、从跳线。

操作提示：

在硬盘与光驱接口处有若干对跳线，通过跳线可改变该驱动器的Master（主驱动设备）或Slave（从驱动设备）地位。一般主板上有IDE接口两个：一个是Primary，表示主IDE接口；另一个是Secondary，表示副IDE接口。每个IDE接口通常可连接两个IDE设备（硬盘与光驱都是IDE设备）。

⑦ 连接电源线与数据线。

操作提示：

将硬盘与光驱的电源接口连在电源插头上。一根数据线通常有三个插头：一个接主板上的IDE口；另两个插头可以分别连接主和从IDE设备。数据线的花边连接硬盘与光驱时靠近电源接口，连接主板时花边要与主板的IDE口的1号针相连接。

至此主机箱的配件安装完毕。

⑧ 连接外围设备。

操作提示：

裸露在主机箱后面的接口可用来连接键盘、鼠标、显示器、音箱与话筒、打印机、USB设备等，如图2-41所示。

⑨ 组装后的检查。

完成了组装工作后，先不要装上机箱的外盖，更不能加电启动，应该进行全面的清查，看一看安装是否牢固，位置、接口、各线的连接是否正确。加电启动，如果机箱上的指示灯正常（电源灯一般为黄绿色，计算机工作时应常亮：硬盘灯为红色，对硬盘进行操作时闪烁），报警系统没有异常，而且屏幕上能够正确显示启动信息，就说明所有部件的安装是正确的。

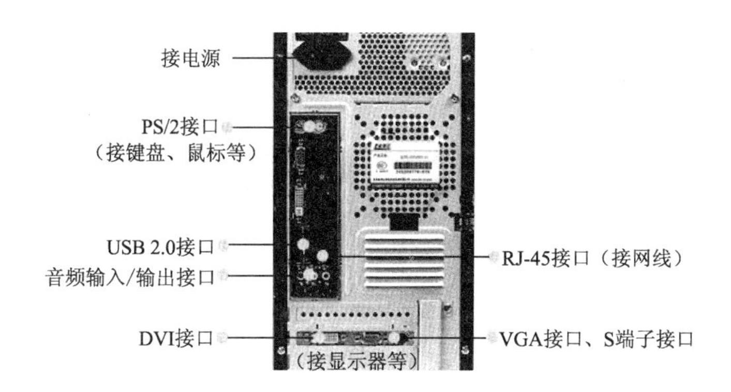

图 2-41　主机箱接口

【任务 3】　安装微型机操作系统

Windows 7 包含 6 个版本，分别是 Windows 7 Starter（初级版）、Windows 7 Home Basic（家庭普通版）、Windows 7 Home Premium（家庭高级版）、Windows 7 Professional（专业版）、Windows 7 Enterprise（企业版）及 Windows 7 Ultimate（旗舰版）。旗舰版与企业版只是在授权方式及其相关应用及服务上有区别，功能相对其他版本更丰富，主要面向高端用户需求。

（1）硬件配置要求。

下面以 Windows 7 Ultimate（旗舰版）为例讲述其安装过程。该操作系统对硬件的要求如下：

① 硬盘：需要 5 GB 以上的硬盘剩余空间用作系统安装；磁盘分区格式为 NTFS。

② 内存：至少 1 GB 的 DDR2 以上内存。

③ 处理器：奔腾 3.0 以上。

④ 显卡：支持 DirectX 10，128 MB 显存，PCI.X 及以上。

⑤ 显示器：分辨率要求在 1024 × 768 像素及以上，或可支持触摸技术的显示器。

（2）操作指导

Windows 7 安装可以归纳为在已有 Windows 系统上安装和在没有安装系统的裸机上安装（如按实验 2.3 任务 2 组装的新机）。在裸机上安装可以使用 U 盘或者光盘安装，其方法类似。现在无光驱配置的计算机越来越多，所以在此以 U 盘安装为例更具代表性。

① 在已有 Windows 系统上安装 Windows 7。

操作提示：

a. 在已经安装了 Windows XP 或 Windows Vista 系统的计算机上安装 Windows 7 十分简便。首先将 Windows 7 的映像文件复制到硬盘上，选择自己认为合适的虚拟光驱软件并运行。

b. 用虚拟光驱加载该系统安装的映像文件（见图 2-42）。如果没有虚拟光驱软件，可将 iso 文件解压到一个文件夹，并运行其中 setup 文件；如果用虚拟光驱加载，就找到对应光驱单击进入。

c. 运行之后出现一个程序安装界面（见图 2-43），该界面自动复制文件完成后会重新启动计算机，用户只需要按照提示操作即可完成安装。

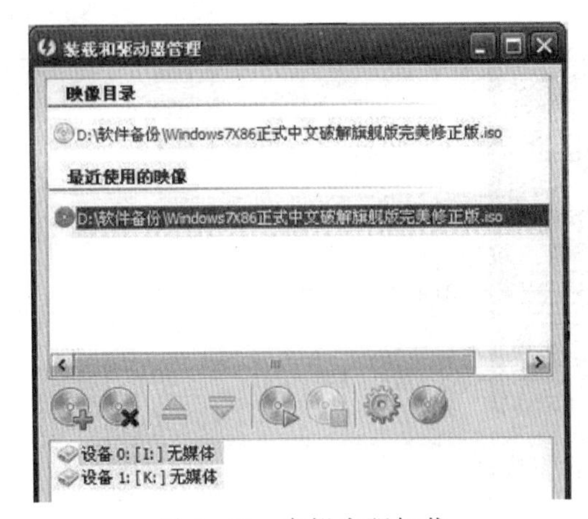

图 2-42 虚拟光驱加载

图 2-43 Windows 安装

② 裸机上安装 Windows 7 系统。

a. 安装前需要下载一个 winpe 软件，用于制作 U 盘安装系统（系统光盘直接安装，只需进入 BIOS 进行 boot 设置）。插入 U 盘并运行 winpe 软件（见图 2-44（a）），按照提示将 winpe 装入选定的 U 盘中，根据提示进行操作（见图 2-44（b））。然后将 Windows 7 的系统映像文件以及一个 WinRAR 之类的压缩软件拷贝到 U 盘中。

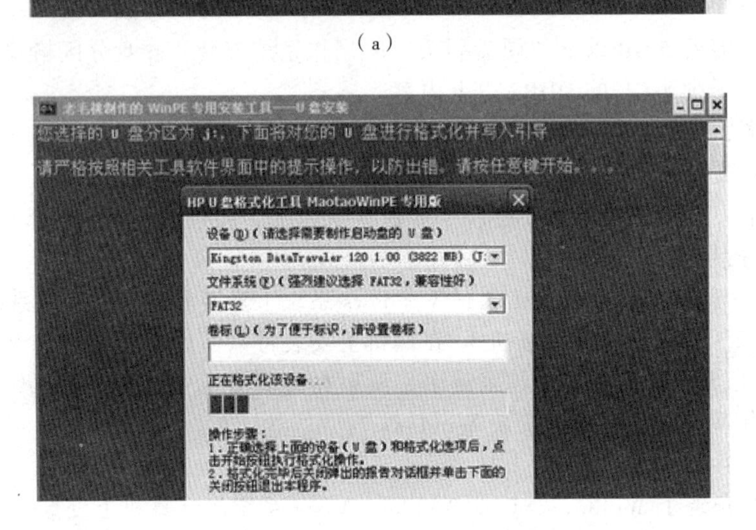

（a）

（b）

图 2-44 制作 U 盘安装系统

b. 做好 U 盘系统后，就可以设置裸机了。开机进入 BIOS 设置界面，用方向键选择 boot 设置项，在里面找到含有 USB 的启动项，将其设置为第一启动项。然后插入 U 盘并按【F10】键保存修改并退出。

c. 计算机重启后会从 U 盘中启动 pe 系统（见图 2-45），通过它来安装 Windows 7 操作系统。如果硬盘还没有分区，可以选择“[6]硬盘分区管理工具菜单”对硬盘进行分区。

比如，将硬盘分成 C、D、E、F 四个区。系统盘一般安装在 C 盘。

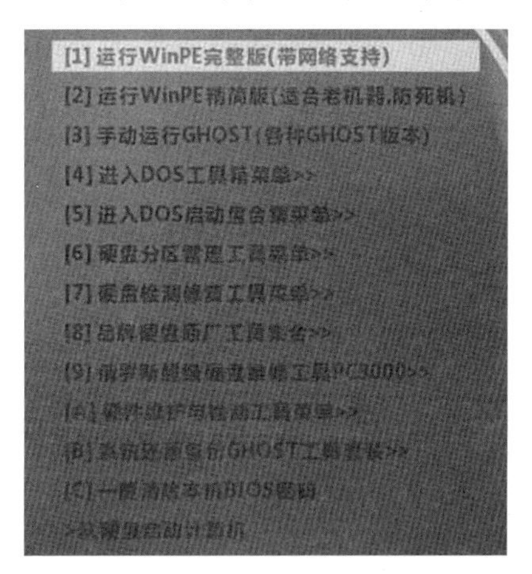

图 2-45　U 盘系统界面

d. 找到光盘映像，如果是 Ghost 映像则是 gho 格式的文件。如果是 ISO 映像则需要放到 U 盘系统中的 WinRAR 来解压再进行安装，往下的安装过程基本无须人工参与。

第 3 章　文字处理 Word 2010

3.1　基础实验：Word 文档基本操作

【实验目的】

1. 熟悉创建 Word 文档的方法，熟练键盘字符录入、中文文字录入及特殊字符录入。

2. 掌握在 Word 文档中插入图形、图片、艺术字、文本框及表格等对象的常用方法，并会对这些对象进行基本编辑。

3. 掌握 Word 文档的基本排版知识和方法。包括但不限于下列操作技能：

（1）字体相关设置。

（2）段落相关设置。

（3）插入常用对象，简单的图文混排设置。

4. 会按照要求正确保存 Word 文档。

【实验内容】

1. 建立 Word 2010 文档，并按要求正确保存。

2. 录入文档内容，并进行简单的排版。

3. 在文档中插入常用对象，并对插入的对象进行编辑和图文混排。

【实验要求】

【任务 1】　Word 文档的基本录入及排版

任务要求：建立 Word 文档。在计算机 D 盘创建以自己的名字命名的文件夹，并将该文档以形如“张三-Word 基础实验-任务 1.docx”为文件名保存在自己创建的文件夹中。

任务内容：

（1）建立 Word 文档，并输入如下文档内容（楷体五号字）。

计算机应用

计算机应用范围，已经渗透到了一切领域，主要有下面几个方面。

科学计算：航空及航天技术、气象预报、晶体结构研究等，都需要求解各种复杂的方程式，必须借助于计算机才能完成。

自动控制：计算机自动控制生产过程，能节省大量的人力和物力，获得更加优质的产品。另外，可以在卫星导弹等发射过程中进行实时控制。

数据处理：在科技情报及图书资料等的管理方面，处理的数据量非常庞大。例如对数据信息的加工、合并、分类、索引、自动控制和统计等。

人工智能：是计算机应用研究最前沿的学科，用计算机系统来模拟人的智能行为。例如在模式识别、自然语言理解、专家系统、自动程序设计和机器人等方面。

CAD：计算机辅助设计广泛应用于飞机、建筑物及计算机本身的设计。

CAI：计算机辅助教育利用多媒体教育软件执行远程教育和工程培训等。

（2）制作样张效果，如图 3-1 所示。

（3）文档设置。

① 选定除标题外的所有文本内容，将其复制到文末，进行分栏。

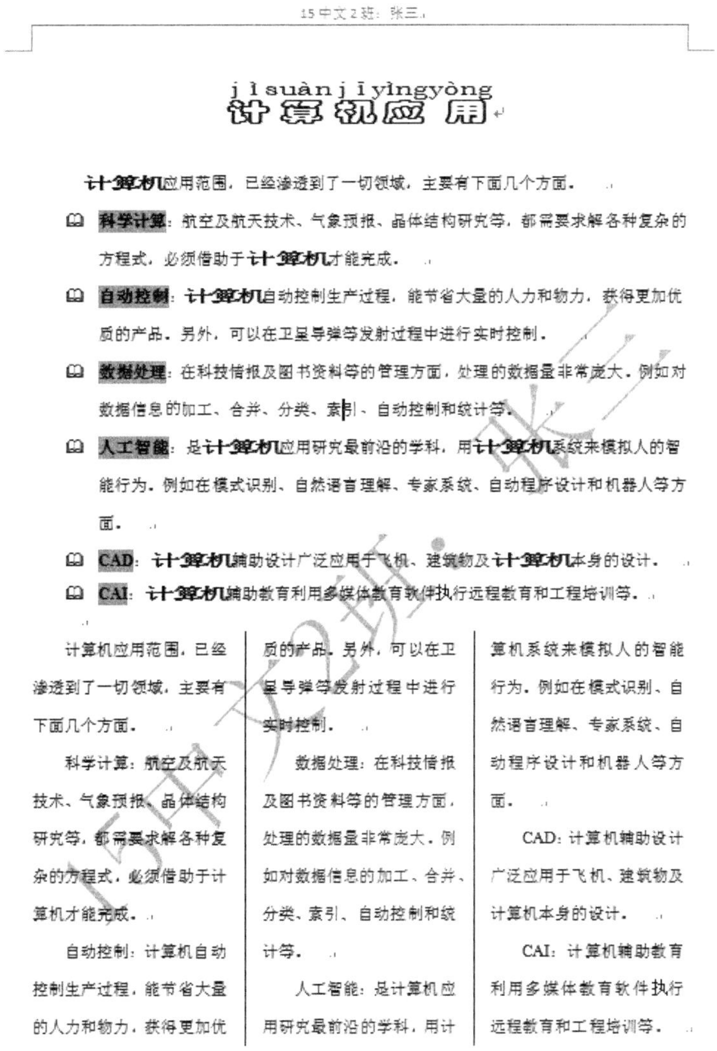

15中文2班：张三

jìsuànjīyìngyòng
计算机应用

计算机应用范围，已经渗透到了一切领域，主要有下面几个方面。

- **科学计算**：航空及航天技术、气象预报、晶体结构研究等，都需要求解各种复杂的方程式，必须借助于**计算机**才能完成。
- **自动控制**：**计算机**自动控制生产过程，能节省大量的人力和物力，获得更加优质的产品。另外，可以在卫星导弹等发射过程中进行实时控制。
- **数据处理**：在科技情报及图书资料等的管理方面，处理的数据量非常庞大。例如对数据信息的加工、合并、分类、索引、自动控制和统计等。
- **人工智能**：是**计算机**应用研究最前沿的学科，用**计算机**系统来模拟人的智能行为。例如在模式识别、自然语言理解、专家系统、自动程序设计和机器人等方面。
- **CAD**：**计算机**辅助设计广泛应用于飞机、建筑物及**计算机**本身的设计。
- **CAI**：**计算机**辅助教育利用多媒体教育软件执行远程教育和工程培训等。

计算机应用范围，已经渗透到了一切领域，主要有下面几个方面。

科学计算：航空及航天技术、气象预报、晶体结构研究等，都需要求解各种复杂的方程式，必须借助于计算机才能完成。

自动控制：计算机自动控制生产过程，能节省大量的人力和物力，获得更加优质的产品。另外，可以在卫星导弹等发射过程中进行实时控制。

数据处理：在科技情报及图书资料等的管理方面，处理的数据量非常庞大。例如对数据信息的加工、合并、分类、索引、自动控制和统计等。

人工智能：是计算机应用研究最前沿的学科，用计算机系统来模拟人的智能行为。例如在模式识别、自然语言理解、专家系统、自动程序设计和机器人等方面。

CAD：计算机辅助设计广泛应用于飞机、建筑物及计算机本身的设计。

CAI：计算机辅助教育利用多媒体教育软件执行远程教育和工程培训等。

图 3-1　基础实验-任务 1-样张

操作提示：

a. 文本复制：选定文本后，可按住【Ctrl】键+鼠标拖动（也可按【Ctrl+C】→【Ctrl+V】组合键）进行复制。

b. 分栏：选定复制后粘贴的文档，单击【页面布局】→【页面设置】→【分栏】按钮，弹出【分栏】对话框，分三栏排版，中间加分隔线。栏宽相等、间距 1 字符。

② 设置标题“计算机应用”效果

操作提示：

a. 文字设置：华文彩云、三号、加粗，其他默认。可单击【开始】→【字体】命令组中的按钮进行设置；或者打开“字体”对话框进行设置。

b. 拼音设置：打开“拼音指南”对话框进行设置（单击【开始】→【字体】→【拼音指南】按钮 文），设置参数为：华文中宋、12 磅。

c. 标题格式：段落居中。可单击【开始】→【段落】命令组中的按钮进行设置；或者打开“段落”对话框进行设置。

③ 对文档中“计算机”进行格式替换。

操作提示：

按【Ctrl+H】组合键，弹出【查找和替换】对话框，将原字体格式替换为“加粗，字符缩放 200%”。单击若干次【查找下一处】和【替换】按钮，或单击【全部替换】命令。

④ 设置小标题底纹，并用【格式刷】复制底纹效果。

操作提示：

a. 将“科学计算”设置为加粗；底纹样式为 30%。单击【开始】→【段落】→【边框和底纹】按钮，弹出【边框和底纹】对话框。

b. 参照样张，双击【格式刷】按钮对其他小标题进行“科学计算”的格式复制。

⑤ 将分成三栏的文本首行缩进 2 个字符。

操作提示：

选定分栏中的各个段落，单击【开始】→【段落】命令组右下角的【对话框启动器】按钮，弹出【段落】对话框，选择【缩进和间距】选项卡进行设置。

⑥ 添加项目符号。参照样张，选定段落，添加“🕮”项目符号。

操作提示：

单击【插入】→【符号】→【其他符号】按钮，弹出【符号】对话框，“🕮”在“Wingdings”字体中。

⑦ 添加文字水印。内容为“15 中文 2 班：张三”，颜色为深蓝，版式为斜式。

操作提示：

单击【页面布局】→【页面背景】→【水印】→【自定义水印】按钮，弹出【水印】对话框进行设置。

注意：实验过程中请注意不时保存文档，避免由于突然断电或死机等造成信息的丢失。请用 U 盘保存好每次实验的相关文件资料。

【任务 2】 Word 文档中的对象编辑

任务要求：建立 Word 文档。将该文档按“张三-Word 基础实验-任务 2.docx”为文件名保存在自己创建的文件夹中。

任务内容：

（1）在 Word 文档中，绘制“计算机课程结构”流程图，如图 3-2 所示。

操作提示：

① 先绘制画布，再将自选图形添加到画布上构建流程图。本实验用于构建流程的自选图形是磁盘和多文档。

② 给自选图形添加文字。方法是：右击绘制的自选图形→【添加文字】，输入文字。

③ 设置图形内文字与边框距离。右击绘制的自选图形→【设置形状格式】→“文本框”选项卡，可设置文字与文本框的上下左右边界距离。

说明： 绘图画布可用来绘制和管理多个图像对象。使用绘图画布，可以将多个图形对象作为一个整体，在文档中移动、调整大小或设置文字绕排方式。也可以对其中的单个图形对象进行格式化操作，且不影响绘图画布。绘图画布内可以放置自选图形、文本框、图片、艺术字等多种不同的图形。

④ 添加流程线（就是带方向的线条）。添加流程线的方法与添加流程图相同。

在画流程线时，当鼠标指针（十字光标）充分接近流程图上时，流程图上会智能显示红色控制点，帮助用户在绘图中准确定位。

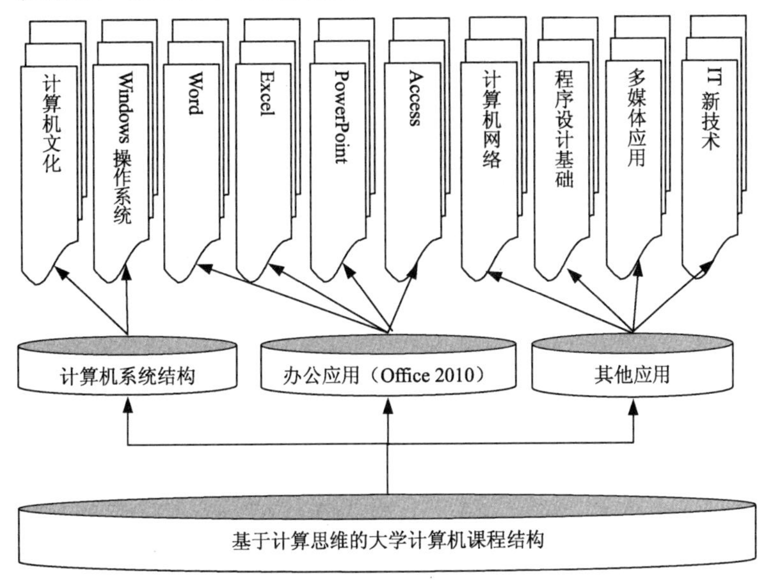

图 3-2　“计算机课程结构”流程图-样张

（2）在 Word 2010 文档中插入数学公式，并绘制几何图形，样张如图 3-3 所示。

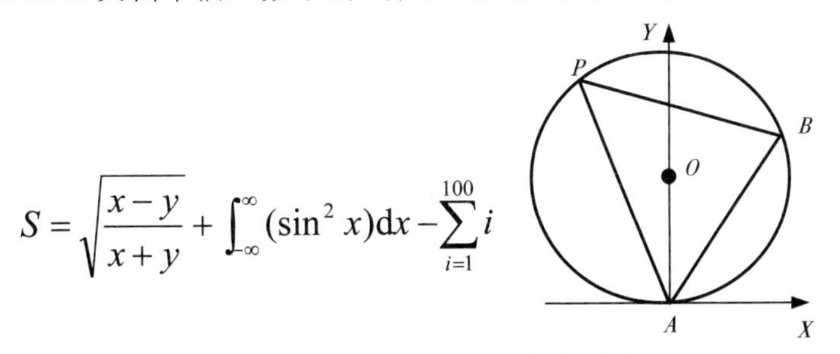

图 3-3　数学公式与几何图形-样张

操作提示：

① 插入数学公式。单击【插入】→【符号】→【公式】下拉按钮，在下拉列表中可以选择系统提示的各种公式；也可以选择【插入新公式】命令，打开公式设计界面，单击【公式工具-设计】→【符号】命令组和【结构】命令组选择相应的元素，建立所需的公式。在公式输入时，插入点光标的位置很重要，它决定了当前输入内容在公式中所处的位置，通过在所需的位置单击鼠标来改变其位置。

② 绘制几何图形主要用到绘直线、带前头的直线、椭圆及文本框。绘圆时要先按住【Shift】键不放用椭圆工具绘制；标识图上字符用添加文本框的方法实现，但需去掉文本框的内部填充和边框线。

（3）在 Word 文档中绘制课程表，效果如图 3-4 课程表-样张所示。

操作要求及提示：

① 课程表标题用艺术字表示；课程表 Logo 图标可以从贵州工程应用技术学院网站上抓取。

② 绘制表格可用自动生成与手动绘制相结合。

③ 课程表中的文字要水平和垂直居中对齐。操作方法：将光标置于表格中，单击【表格工具-布局】→【对齐方式】命令组中的按钮进行设置。

<table>
<tr><td colspan="9">课程表</td></tr>
<tr><td colspan="2">时间
日期</td><td>一</td><td colspan="2">二</td><td>三</td><td>四</td><td>五</td><td>六</td></tr>
<tr><td rowspan="4">上午</td><td>1</td><td rowspan="2">高数</td><td colspan="2" rowspan="2">英语</td><td rowspan="2">高数（单）</td><td rowspan="2">体育</td><td rowspan="2">修养</td><td rowspan="2"></td></tr>
<tr><td>2</td></tr>
<tr><td>3</td><td rowspan="2">制图</td><td colspan="2" rowspan="2">普化</td><td rowspan="2">制图（双）</td><td rowspan="2">英语</td><td rowspan="2">高数</td><td rowspan="2"></td></tr>
<tr><td>4</td></tr>
<tr><td rowspan="4">下午</td><td>5</td><td rowspan="2">普化实验</td><td rowspan="2">实验</td><td rowspan="2">班会</td><td rowspan="2">大学计算机</td><td rowspan="2">普化（单）</td><td rowspan="2">听力</td><td rowspan="2"></td></tr>
<tr><td>6</td></tr>
<tr><td>7</td><td rowspan="2"></td><td colspan="2" rowspan="2"></td><td rowspan="2">上机</td><td rowspan="2"></td><td rowspan="2"></td><td rowspan="2"></td></tr>
<tr><td>8</td></tr>
</table>

图 3-4 课程表-样张

3.2 综合实验：Word 综合技能训练

【实验目的】

1. 掌握 Word 文档中文字内容与各种对象的混排技能。
2. 熟练掌握 Word 文档中常用功能的使用。

【实验内容】

1. 图文混排训练：电子广告作品制作。
2. 表格设计及绘制：绘制学生学籍表。

【实验要求】

【任务 1】　用 Word 设计电子广告作品

作品如样张图 3-5 所示。

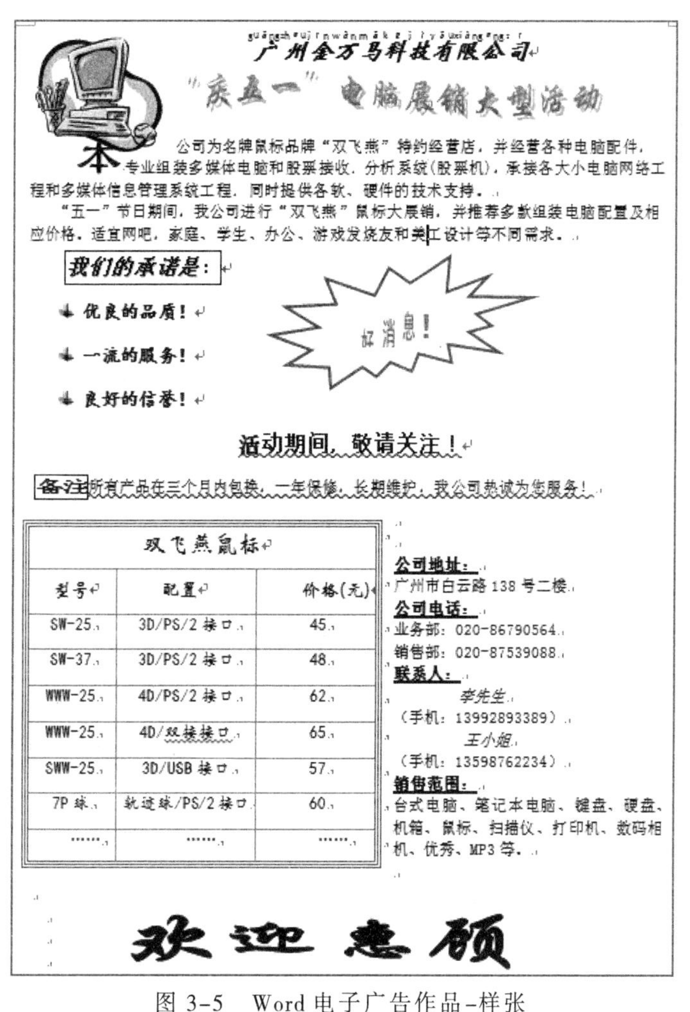

图 3-5　Word 电子广告作品-样张

任务要求：

（1）自定义纸型。宽度：20 cm；高度：25 cm；页边距：上、下各为 1.5 cm，左、右各为 2 cm。

（2）第一行字体为“华文新魏”，小二号字，加粗、倾斜，加有【拼音指南】效果，使文字上方显示拼音字母。

（3）第二行为艺术字，字体为“华文行楷”，24 号字，艺术字式样为艺术字库中的“第三行第五列”。

（4）正文第一段首字下沉 2 行，下沉字体为隶书。正文为宋体、小四号字。

（5）“我们的承诺是”字体：宋体，三号，加粗、倾斜、阴影字。下面的三行加图形项目符号。

（6）“欢迎惠顾”为艺术字。“好消息”为粉红色星形框线，橘黄色字。

（7）表格外框为绿色 0.5 磅三线型。内线为鲜绿 0.75 磅单实线。表标题字体为“华文新魏”二号字，内容为四号字。

（8）页面的左上角插入一幅“计算机”的剪贴画。

【任务 2】 用 Word 设计学生学籍表

任务要求：

用 Word 制作一张学生学籍表，作品如样张图 3-6 所示。将作品保存为形如“张三-学生学籍表-样张.docx”文档。

XXX 大学学生学籍表

专业：________ 班级：________ 建表年月________

姓名		性别		身份证号	
出生	年 月 日	籍贯		民族	
政治面貌		毕业时间	年 月		
家庭住址					

个人简历	何时至何时	在何地何校学习	证明人

家庭及主要社会关系	称呼	姓名	在何单位工作	任何职	电话	邮政编码

奖惩记载	

学籍变更		修业结论	(学院盖章)

图 3-6 Word 设计的学生学籍表-样张

3.3 能力目标实验一：Word 电子报设计与制作

【实验目的】

1. 了解报刊相关知识，认识电子报刊的新特点及作用。

2. 掌握报刊设计的相关知识。如纸张大小及版面设计等。

3. 掌握文本框的广泛使用；体验图文作品审美情趣，掌握图文混排技能。

4. 掌握文档书签的作用及超链接的方法。

【实验内容】

随着办公自动化的发展，利用计算机排版技术编辑制作电子报、简报也很普及了。这里要求你根据所掌握的计算机知识，用 Word 文档设计制作一份电子报，其效果如图 3-7 电子报-样张所示。

1. 搜集资料

巧妇难为无米之炊，要制作电子报，先要有一定数量的稿件素材，并从题材、内容、文体等方面考虑，从中挑选有代表性的稿件，进行修改，控制稿件字数和稿件风格。作为一份比较好的电子报，不但要有优秀的稿件，合理的布局，同时也要有合适的图片。一般说来，电子报所配的题图，要为表现主题服务，因而图片内容要和主题相贴近或相关。

2. 定义纸张大小及边距

版面统一按 A3 纸横向设置，版面数自定；页边距：上边距为 2.5 cm，其他三边边距均为 2 cm。

3. 版面设计

（1）整体构思：在纸面上留出标题文字和图形的空间，然后把剩余空间分割给各个稿件，每个稿件的标题和题图的大概位置都要心中有数。同时要注意布局的整体协调性和美观性。

特别强调：在整体布局中可考虑使用文本框，因为文本框不受面边距、段落及插入点等各种因素限制，用户想将其放在哪里都可以。文本框内可插入图片，可进行多个文本框之间的链接等。

（2）文本的输入：整体框架建立好后，即可在相应的位置输入稿件的内容。如果预留的空间小了，放不下稿件的所有内容，可以适当调整一下预留空间的大小，也可以对稿件进行适当的压缩。

（3）格式设置：在正文都输入完成之后，即可设置标题文字和正文的字体、字号、颜色等，有些标题文字可以考虑使用艺术字，正文也可以进行竖排版。然后在适当的位置插入图形，并进行相应的处理，如水印效果等，也可以利用绘图工具绘制图形，要注意调节图形的大小和比例，同时设置好环绕方式和叠放次序。

（4）素材编排：可以在电子报中插入所要的图片：单击【插入】→【插图】→【剪贴画】按钮，打开【剪贴画】任务窗格。

在【搜索文字】文本框中输入想要查找的主题，如“安全”，按【Enter】键，与安全主题有关的剪贴画全都找到了。单击滚动条看一下后面的图，再单击【继续查找】按钮，翻到下一页。单击所需的一幅图片即可插入；如果这一主题没有查到中意的图片，可以换个主题查找，如“火”“消防”“防火”等。最后关闭【剪贴画】任务窗格。可以对图片进行位置和大小调整，也可以进行效果处理。

除了使用剪贴画外，也可以使用预先准备好的图片，方法是：单击【插入】→【插图】→【图片】按钮，弹出【插入图片】对话框，找到并选定所需图片后，单击【插入】按钮即可。将插入的图片通过【图片工具-格式】选项卡所提供的丰富功能进行相关处理，并进行图文混排。

（5）电子报刊的一个显著特点是，它具有超链接属性的导读栏，并在各个版块及不同版面中都可根据需要设计报内超链接跳转按钮，以方便阅读者。

实现报内超链接功能的具体步骤是：

① 将插入光标定位在实现超链接跳转的目标位置。

② 添加书签。

方法是：单击【插入】→【链接】→【书签】按钮，弹出【书签】对话框，在其中输入书签名并单击【添加】按钮。

重复执行①②步可以在电子报刊中的各个不同位置添加相应的书签。

③ 建立报内超链接跳转功能。方法是：

选定要建立超链接的关键字或对象，单击【插入】→【链接】→【超链接】按钮，弹出【插入超链接】对话框，单击【书签】按钮，弹出【在文档中选择位置】对话框，在其中选定要实现跳转的书签名，单击【确定】按钮。便实现报内超链接跳转功能。

（6）电子报的整体协调：在文字和图形都排好后，电子报基本上就完成了。检查一下文字有没有输错的，图形是否与文字相照应，重点文字是不是很突出等。最后注意一下整体布局的合理性，色彩的平衡性。最后保存，一份漂亮的电子报就完成了，如图 3-7 电子报-样张所示。

图 3-7 电子报-样张

【实验要求】

1. 本实验要求学生在课余时间完成。

2. 电子报刊结构设计。

（1）含电子报名（根据内容自定）、刊号（自行虚拟）、出版人（自己）、出版日期等。

（2）含导读栏（各栏目设置超链接），版面数自定；可设报内跳转链接按钮，便于交互。

（3）电子报中应包含若干板块，每个板块都有明确的主题。整个电子报应尽可能地充分体现出 Word 的各项功能。

（4）作者应该先对实体报纸进行了解→画好电子报设计图→再按图纸创作。创作时倡导图文并茂，但应避免华而不实。一切以美观得体为标准。

（5）电子报文件名以"班级名-学生姓名-综合实验-电子报"命名。素材自理，内容健康向上。

3.4　能力目标实验二：Word 电子书排版设计

【实验目的】

1. 了解图书相关知识。
2. 掌握图书设计的相关知识。
3. 掌握各级标题样式的使用，正文图文混排及页眉页脚的设置。
4. 掌握目录的自动生成方法。

【实验内容】

书籍排版以页为单位。每一版面由大小不同的文字、图表等按照统一的技术规范组成。在同一书刊中，不论其格式和内容如何，正文必须统一字号、行长、行距等，保持版心的基本一致。主要处理好标题、页码、正文、注文和图表相互之间的关系，使组成的版面主次分明、协调、美观、易读性好。

请您根据所掌握的计算机知识，用 Word 文档设计制作一份电子书籍，其效果如图 3-8 电子书-样张所示。

图 3-8　电子书-样张

1．书籍排版的基本术语

要想制作出具有专业水准的书籍，首先必须了解相关术语和一些特殊规定，并按照这些规定制作出符合规范的书籍。相关术语如表 3-1 所示。

表 3-1 书籍相关基本术语

术语名称	含　义
开本	是指将整张纸裁开成为若干等分的份数，用来表明书本的大小。例如，16 开本、32 开本等
扉页	指在封面之后第一页，印着书名、著者、出版日期等内容
版心	指书刊幅面除去周围白边，放置正文和图片等内容的中间部分，也就是排版范围
版面	指书刊每一页上的文字、插图等的排列方式
页眉	指在每一页正文顶端出现的相对固定的文字、图片或符号。页眉可以设置成全部一样，也可以设置成奇偶页不同
页脚	是出现在每一页的底端的有关信息，如页码、页数、日期等

2．导入文本

启动 Word 2010，将自动新建文档 1，将已经录入的书籍文字内容导入（一般由多人分章节录入），具体操作方法是：

单击【插入】→【文本】→【对象】下拉按钮，选择【文件中的文字】命令，弹出【插入文件】对话框，选定文件，单击【插入】按钮，将选定文件的内容插入到新文件中。插入后可利用【剪切】+【粘贴】命令调整内容位置。

3．设置并使用样式

样式就是应用于文本中的字符格式和段落格式的集合，利用样式可以快速改变文本外观。样式是书籍排版的核心。书籍中的许多文档对象都需要使用相同的字体、段落及边框等格式，例如文章标题、章节标题、正文内容等，都需要用样式来实现和管理。在 Office 中，除了可以使用系统内置的各种样式外，用户还可以设置具有个性化的样式，也可以修改内置的各种样式。

（1）标题样式。在书籍排版中，标题的作用相当重要。本实例中将使用三种不同类型的标题样式，将其各自作适当修改后统一使用，即标题 1（应用于第一章、第二章、第三章等编号的标题）、标题 2（应用于 1.1、1.2、1.3 等编号的标题）和标题 3（应用于 1.1.1、1.1.2 等编号的标题）。

（2）其他样式。除了标题样式外，还有其他许多样式可根据正文内容需要而设置。例如正文样式、提示样式等。在此将正文样式设置为：

字体设置——宋体、五号、黑色；段落设置——两端对齐、首行缩进两个字符、1.5 倍行距。

样式的应用非常简单，比如章标题样式应用就是将插入点置于某章标题的任意位置，单击【开始】→【样式】→【章标题】按钮即可。

4．设置开本大小

如果是科技类书籍和大专院校教材，多采用 16 开本，这类图书中常有较多的公式、图表等内容，版面小了不易排版，另外页数也较多，因而 16 开幅面较为适宜；其他类型有选 32 开本的，也有更小的。开本大小主要通过设置【纸张大小】和【纸张方向】来实现。

5．设置版心

默认情况下，A4 规格纸的版心标准为高 24.62 cm，宽 14.66 cm

修改版心就得改变上下左右的页边距。方法是将上下左右的边距设置成新的值，如上下边距设为“3 cm”，左边距设为“2.4 cm”，右边距设为“2.2 cm”，版心就是 16.6 cm × 23.7 cm。

6．设置页眉、页脚

若将首页设计成封面，则首页就不能要页眉页脚。在正文中，奇数页与偶数页的页眉内容一般是不同的，并且在偶数页的页眉中通常出现书籍的名称，在奇数页的页眉中出现的是每章的标题，这样就需要在“版式”中对相应选项进行设置。

操作方法是：在【页面设置】对话框中选择【版式】选项卡，在“页眉和眉脚”区域中选中【奇偶页不同】和【首页不同】复选框，以备将来进行页眉和页脚设置作准备。

单击【插入】→【页眉和页脚】→【页眉】下拉按钮，打开的下拉列表中列出 Word 内置的多种页眉，选择【编辑页眉】命令，将文本编辑模式切换为页眉/页脚编辑模式（也可以双击页眉区进入页眉编辑模式）。

（1）设置偶数页的页眉和页脚。将插入点移动到任意一个偶数页的页眉位置（在状态栏中显示，但不能将扉页和预留作为目录的页面计在内，只能从正文的首页起算。要控制页眉或页脚按目录、正文等显示不同的内容，需要插入“分节符”，通过不同的节来控制），输入书籍名称并设置好字体格式和对齐方式。页眉设置完成后，按【↓】键，将插入点移动到偶数页页脚位置，单击【插入】→【页眉和页脚】→【页码】下拉按钮，在下拉列表中选择“页面底端”→【左对齐】命令，Word 将自动在每一偶数页的页脚左侧插入页码。

（2）设置奇数页的页眉和页脚。将插入点移动到任意一个奇数页的页眉位置，单击【插入】→【文本】→【文档部件】→【域】按钮，弹出【域】对话框，在【类别】列表框中选择【链接和引用】选项，然后从【域名】列表框中选择【StyleRef】域，在【样式名】列表中选择要显示在页眉的样式名“标题 1”。然后单击【确定】按钮。单击【域】对话框中的【确定】按钮将设置的域插入到奇数页页眉中，这时可以看到在奇数页页眉中自动出现了该奇数页所在的“标题 1”的标题内容。将插入点移动到当前奇数页页脚位置，单击【插入】→【页眉和页脚】→【页码】下拉按钮，在下拉列表中选择【页面底端】→【右对齐】命令，将页码靠右对齐。

提示：在设置页码格式对话框中有一个【链接到前一个】复选框，如果你在文档中设有不同的节，每一节又需要不同的页眉页脚格式，就可以取消选择此复选框。

7．生成目录

做好上面所介绍的基础工作，特别是已经将要生成目录的各级标题正确使用了对应的样式后，现在就可以生成目录了。方法是：

确定生成目录的插入点位置，然后单击【引用】→【目录】→【目录】下拉按钮，在下拉列表中选择【插入目录】命令，弹出“目录”对话框，若有必要，单击【选项】及【修改】按钮进行相关设置，最后单击【确定】按钮，即可看到目录自动生成。

【实验要求】

1. 本实验要求学生在课余时间完成。
2. 完成本实验需要准备相关的文本、图形等素材。
3. 本实验中的各章内容要求添加节，另起一页显示。
4. 书籍封面要求设置美观，需以自己姓名为作者名称，有虚拟的出版单位等元素。
5. 本电子书文件名以“班级名-学生姓名-综合实验-电子书”命名。

第 4 章 电子表格处理 Excel 2010

4.1 基础实验：Excel 基本操作

【实验目的】

1. 掌握工作表的建立及工作表数据的输入操作。
2. 掌握工作表的编辑和格式化操作。
3. 掌握在工作表中应用公式和函数进行数据的计算。
4. 掌握在工作表中创建图表、编辑和格式化图表的操作。

【实验内容】

1. 在工作表中录入数据，并进行基本格式化。
2. 数据有效性及条件格式设置。
3. 图表生成及编辑。

【实验要求】

1. 工作表基本操作目标：包括建立工作表、数据录入与编辑、工作表格式化、数据计算及工作簿的保存等操作。

2. 图表基本操作目标：包括创建工作表中数据“折线图”图表、以及编辑和格式化图表等操作。

3. 将本文件按“Excel 基础实验.xlsx”保存在用户创建的文件夹中。

【任务 1】 建立并编辑工作表

建立图 4-1 所示样张的工作表。

学生成绩排名及等级表

学号	姓名	出生日期	院别	计算机	高等数学	英语	平均成绩	名次
15002008045	刘小寻	35494	人文学院	95	90	85	90.0	2
15011021001	曾成	35761	美术学院	76	98	77	83.7	4
15021033008	陈进	36021	信息工程学院	90	67	80	79.0	8
15008009015	周星池	35694	信息工程学院	68	-80	90	79.3	7
15015022033	小小	35424	教育学院	55	56	0	37.0	14
15015015011	施方华	35640	教育学院	90	105	98	92.7	1
15015003605	美事怀	35514	教育学院	57	50	90	65.7	12
15021021009	刘世专	35901	信息工程学院	70	93	90	84.3	3
15021040010	刘世美	36034	信息工程学院	70	53	90	71.0	11
15021008022	陈中国	35646	人文学院	70	90	60	73.3	9
15021007101	刘大香	35569	信息工程学院	56	90	39	61.7	13
15002012311	陈前后	35793	人文学院	101	80	58	72.7	10
15011014007	周兰	36119	美术学院	90	80	80	83.3	5
15015023004	刘邦后	35298	信息工程学院	80	90	80	83.3	5

图 4-1 创建工作表及图表样张

操作提示：

（1）启动 Excel 2010，建立图 4-2 所示的工作表，并输入相应数据。

① 将工作表 Sheet1 重命名为原始表，并输入学号。

输入学号，有两种方法：

方法一：先在单元格中输入英文“'”，再接着输入学号数字。

方法二：先设定要存放学号的单元格区域格式为“文本”类型，再输入学号号码。即选定图 4-2 中的 A3:A16 单元格区域并右击→选择【设置单元格格式】命令，弹出【设置单元格格式】对话框，选择【数字】选项卡，在【分类】列表框中选择【文本】，单击【确定】按钮，再输入学号号码即可。

	A	B	C	D	E	F	G
1	学生成绩排名及等级表						
2	学号	姓名	出生日期	院别	计算机	高等数学	英语
3	15002008045	刘小寻	35494	人文学院	95	90	85
4	15011021001	曾成	35761	美术学院	76	98	77
5	15021033008	陈进	36021	信息工程学院	90	67	80
6	15008009015	周星池	35694	信息工程学院	68	-80	90
7	15015022033	小小	35424	教育学院	55	56	0
8	15015015011	施方华	35640	教育学院	90	105	98
9	15015003605	美事怀	35514	教育学院	57	50	90
10	15021021009	刘世专	35901	信息工程学院	70	93	90
11	15021040010	刘世美	36034	信息工程学院	70	53	90
12	15021008022	陈中国	35646	人文学院	70	90	60
13	15021007101	刘大香	35569	信息工程学院	56	90	39
14	15002012311	陈前后	35793	人文学院	101	80	58
15	15011014007	周兰	36119	美术学院	90	80	80
16	15015023004	刘邦后	35298	信息工程学院	80	90	80
17							

图 4-2　创建工作表

② 输入出生日期：即选定图 4-2 中的 C3:C16 单元格区域，打开【设置单元格格式】对话框，选择【数字】选项卡，在【分类】列表框中选择【日期】，单击【确定】按钮，再输入出生日期即可。

③ B、D、E、F、G 列的数据直接输入即可。

④ 计算“平均成绩”。

第一步：在 H2 单元格中输入“平均成绩”列标题名称。

第二步：在 H3 单元格输入公式“=AVERAGE(E3:G3)”，并按【Enter】键，在 H3 中得出“刘小寻”的平均成绩。

第三步：选中 H3 单元格，鼠标指向填充柄（鼠标指针呈黑十字形状），双击（或按下鼠标左键并向下拖动到 H16 单元格释放鼠标），完成所有学生的平均成绩计算和录入工作。

⑤ 根据平均成绩计算“名次”。

第一步：在 I2 单元格输入“名次”列标题名称。

第二步：在 I3 单元格输入公式“=RANK(H3,$H$3:$H$16)”，并按【Enter】键，在 I3 中得出“刘小寻”在本工作表所有学生中按平均成绩的排名名次。

第三步：选中 I3 单元格，鼠标指向填充柄（鼠标指针呈黑十字形状），双击（或按下鼠标左键并向下拖动到 I16 单元格释放鼠标），完成所有学生按平均成绩排名的名次计算和录入工作。

完成上述操作后，工作表结果如图 4-3 所示。

	A	B	C	D	E	F	G	H	I
1	学生成绩排名及等级表								
2	学号	姓名	出生日期	院别	计算机	高等数学	英语	平均成绩	名次
3	15002008045	刘小寻	35494	人文学院	95	90	85	90	2
4	15011021001	曾成	35761	美术学院	76	98	77	83.66667	4
5	15021033008	陈进	36021	信息工程学院	90	67	80	79	8
6	15008009015	周星池	35694	信息工程学院	68	-80	90	79.33333	7
7	15015022033	小小	35424	教育学院	55	56	0	37	14
8	15015015011	施方华	35640	教育学院	90	105	98	92.66667	1
9	15015003605	美事怀	35514	教育学院	57	50	90	65.66667	12
10	15021021009	刘世专	35901	信息工程学院	70	93	90	84.33333	3
11	15021040010	刘世美	36034	信息工程学院	70	53	90	71	11
12	15021008022	陈中国	35646	人文学院	70	90	60	73.33333	9
13	15021007101	刘大香	35569	信息工程学院	56	90	39	61.66667	13
14	15002012311	陈前后	35793	人文学院	101	80	58	72.66667	10
15	15011014007	周兰	36119	美术学院	90	80	80	83.33333	5
16	15015023004	刘邦后	35298	信息工程学院	80	90	80	83.33333	5

图 4-3　用公式填充数据

（2）将图 4-3 所示的工作表格式化。

① 表标题设置：居中，黑体，20 磅。

② 列标题设置：字体为“宋体，加粗，11 磅”；底纹为“红色，强调字体颜色 2，淡色 60%”。

③ 平均成绩保留一位小数位数。

④ 给工作表添加边框，并将数据居中对齐。

整个效果如样张图 4-1 所示。

【任务 2】　设置有效性及条件格式，创建图表

效果样张如图 4-4 所示。

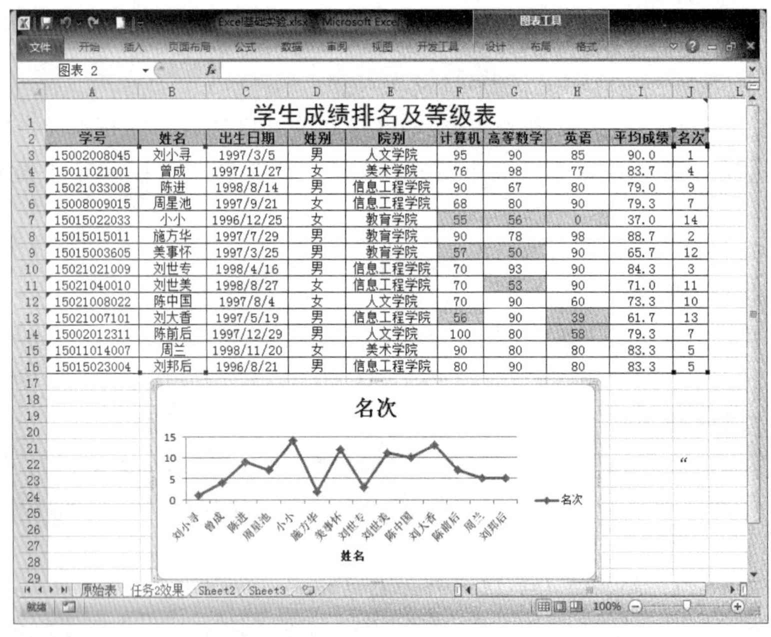

学生成绩排名及等级表

学号	姓名	出生日期	姓别	院别	计算机	高等数学	英语	平均成绩	名次
15002008045	刘小寻	1997/3/5	男	人文学院	95	90	85	90.0	1
15011021001	曾成	1997/11/27	女	美术学院	76	98	77	83.7	4
15021033008	陈进	1998/8/14	男	信息工程学院	90	67	80	79.0	9
15008009015	周星池	1997/9/21	女	信息工程学院	68	80	90	79.3	7
15015022033	小小	1996/12/25	女	教育学院	55	56	0	37.0	14
15015015011	施方华	1997/7/29	男	教育学院	90	78	98	88.7	2
15015003605	美事怀	1997/3/25	男	教育学院	57	50	90	65.7	12
15021021009	刘世专	1998/4/16	男	信息工程学院	70	93	90	84.3	3
15021040010	刘世美	1998/8/27	女	信息工程学院	70	53	90	71.0	11
15021008022	陈中国	1997/8/4	女	人文学院	70	90	60	73.3	10
15021007101	刘大香	1997/5/19	男	信息工程学院	56	90	39	61.7	13
15002012311	陈前后	1997/12/29	男	人文学院	100	80	58	79.3	7
15011014007	周兰	1998/11/20	女	美术学院	90	80	80	83.3	5
15015023004	刘邦后	1996/8/21	男	信息工程学院	80	90	80	83.3	5

图 4-4　有效性、条件格式及创建图表-样张

操作提示：

（1）复制工作表。打开 Excel 基础实验.xlsx，将“原始表”工作表复制并取名为“任务 2 效果”，如图 4-4 所示。

（2）设置有效性。含两项实验任务：一项是设置数据区域的有效性；另一项是自定义

下拉列表填充序列。

① 设置数据区域的有效性：选定数据区域 E3:G16，单击【数据】→【数据工具】→【数据有效性】按钮，弹击【数据有效性】对话框，选择【设置】选项卡，如图 4-5 所示进行设置。选择【输入信息】选项卡，在【标题】文本框中输入“请输入成绩”，在【输入信息】文本框中输入“输入 0～100 之间的成绩”。选择“出错警告”选项卡，如图 4-6 所示进行设置。最后单击【确定】按钮。便设置了数据的有效性。

a. 更改数据体验：针对上述设置，对有效性区域的任意单元格输入 0～100 之外的数据，观察并分析弹出的信息。

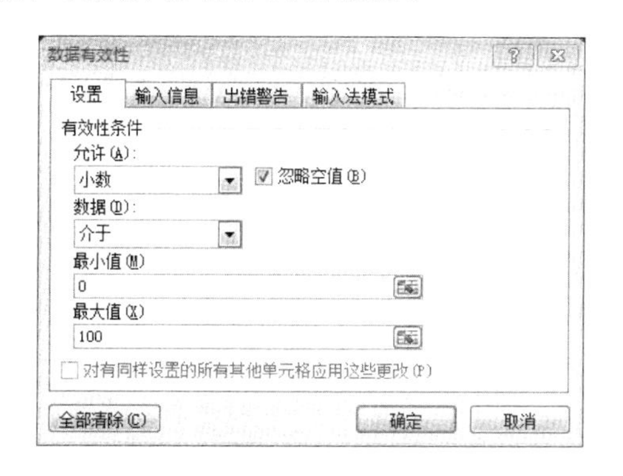

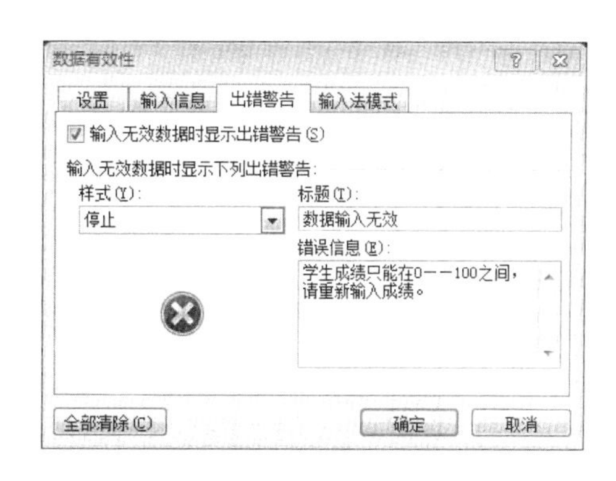

图 4-5 数据有效性条件设置　　图 4-6 数据有效性出错信息设置

b. 圈释无效数据：单击【数据】→【数据工具】→【数据有效性】下拉按钮，选择【圈释无效数据】命令，效果如图 4-7 所示。

学生成绩排名及等级表

学号	姓名	出生日期	院别	计算机	高等数学	英语	平均成绩	名次
15002008045	刘小寻	35494	人文学院	95	90	85	90.0	2
15011021001	曾成	35761	美术学院	76	98	77	83.7	4
15021033008	陈进	36021	信息工程学院	90	67	80	79.0	8
15008009015	周星池	35694	信息工程学院	68	-80	90	79.3	7
15015022033	小小	35424	教育学院	55	56	0	37.0	14
15015015011	施方华	35640	教育学院	90	105	98	92.7	1
15015003605	美事怀	35514	教育学院	57	50	90	65.7	12
15021021009	刘世专	35901	信息工程学院	70	93	90	84.3	3
15021040010	刘世美	36034	信息工程学院	70	53	90	71.0	11
15021008022	陈中国	35646	人文学院	70	90	60	73.3	9
15021007101	刘大香	35569	信息工程学院	56	90	39	61.7	13
15002012311	陈前后	35793	人文学院	101	80	58	72.7	10
15011014007	周兰	36119	美术学院	90	80	80	83.3	5
15015023004	刘邦后	35298	信息工程学院	80	90	80	83.3	5

图 4-7 “圈释无效数据”效果

观察与思考：请读者注意观察圈释无效数据，并理解其中含义。然后将无效数据进行修正。比如-80、105、101 分别修正为 80、78、100。注意修改前后对应记录的平均成绩及名次发生了什么改变？

② 自定义下拉列表填充序列。插入列，并按自定义下拉列表填充序列填充学生性别，操作方法如下：

a. 插入新列：右击“院别”所属的列标题，选择【插入】命令，在“院别”列之前插入一新的列（D 列）。在 D2 单元格中输入列标题“性别”。

b. 设置下拉序列填充选项：选定 D3:D16，单击【数据】→【数据工具】→【数据有效性】按钮，弹出【数据有效性】对话框，选择【设置】选项卡，在【允许】下拉列表框中选择“序列”选项，在“来源”文本框中输入“男,女”（中间分隔的必须是英文字符逗号），最后单击【确定】按钮。现在可对D3:D16进行下拉序列填充。

c. 对D列数据进行序列选择填充：单击D3:D16中每个单元格，其右侧都出现一个下拉按钮，单击即可从已设定的列表项中选择一个进行填充。填充效果如图4-8所示。

（3）设置条件格式。对图4-8中计算机、高等数学、英语三科成绩中小于60分的成绩设定不同的显示格式。方法是：

选定图4-8中数据区域F3:H16，单击【开始】→【格式】→【条件格式】下拉按钮，选择【突出显示单元格规则】→【小于】命令，弹出【小于】对话框，输入60，选择右端的“浅红填充色深红色文本”，单击【确定】按钮。

	A	B	C	D	E	F	G	H	I	J
1	学生成绩排名及等级表									
2	学号	姓名	出生日期	姓别	院别	计算机	高等数学	英语	平均成绩	名次
3	15002008045	刘小寻	1997/3/5	男	人文学院	95	90	85	90.0	1
4	15011021001	曾成	1997/11/27	女	美术学院	76	98	77	83.7	4
5	15021033008	陈进	1998/8/14	男	信息工程学院	90	67	80	79.0	9
6	15008009015	周星池	1997/9/21	女	信息工程学院	68	80	90	79.3	7
7	15015022033	小小	1996/12/25	女	教育学院	55	56	0	37.0	14
8	15015015011	施方华	1997/7/29	男	教育学院	90	78	98	88.7	2
9	15015003605	美事怀	1997/3/25	男	教育学院	57	50	90	65.7	12
10	15021021009	刘世专	1998/4/16	男	信息工程学院	70	93	90	84.3	3
11	15021040010	刘世美	1998/8/27	男 女	信息工程学院	70	53	90	71.0	11
12	15021008022	陈中国	1997/8/4	女	人文学院	70	90	60	73.3	10
13	15021007101	刘大香	1997/5/19	男	信息工程学院	56	90	39	61.7	13
14	15002012311	陈前后	1997/12/29	男	人文学院	100	80	58	79.3	7
15	15011014007	周兰	1998/11/20	女	美术学院	90	80	80	83.3	5
16	15015023004	刘邦后	1996/8/21	男	信息工程学院	80	90	80	83.3	5

图4-8　自定义下拉列表序列填充

（4）创建并编辑图表。

① 选中用于创建图表的数据区域：B2:B16和J2:J16。

② 单击【插入】→【图表】→【折线图】下拉按钮，选择【带数据标记的折线图】命令，得到基本的折线图表。

③ 添加横坐标轴名称：单击【图表工具-布局】→【标签】→【坐标轴标题】下拉按钮，选择【主要横坐标轴标题】命令，并将坐标轴名称改成“姓名”。

最后效果如图4-4样张所示。

4.2　综合实验：Excel数据处理与分析

【实验目的】

1. 掌握不同工作簿或工作表之间数据的引用。
2. 掌握VLOOKUP()、MID()和IF()函数的正确使用。
3. 掌握工作表数据排序、筛选、高级筛选、分类汇总及数据透视表等数据处理及分析的方法。
4. 掌握工作表中创建图表、编辑和格式化图表的操作。

【实验内容】

1. VLOOKUP()、MID()和IF()函数的正确使用。
2. 工作表数据排序、筛选、高级筛选、分类汇总及数据透视表等正确应用。

【实验要求】

1. 在 VLOOKUP()函数中注意不同工作表（或工作簿）中单元格区域地址的相对引用、绝对引用及混合引用；注意 IF()函数的多重套用。

2. 注意数据排序中关键字段的优先性及排序结果的正确性，并通过分类汇总结果理解在分类汇总之前对分类字段排序的重要意义。

3. 正确理解在数据筛选中“AND”与“OR”的含义与用法。

【任务 1】　不同工作簿（表）之间数据汇聚

本任务操作结果如图 4-9 样张所示：

（1）新建一个工作簿文件，在 Sheet1 中创建图 4-10 所示的数据表。并将其以“综合实验-任务 1.xlsx”为文件名保存。

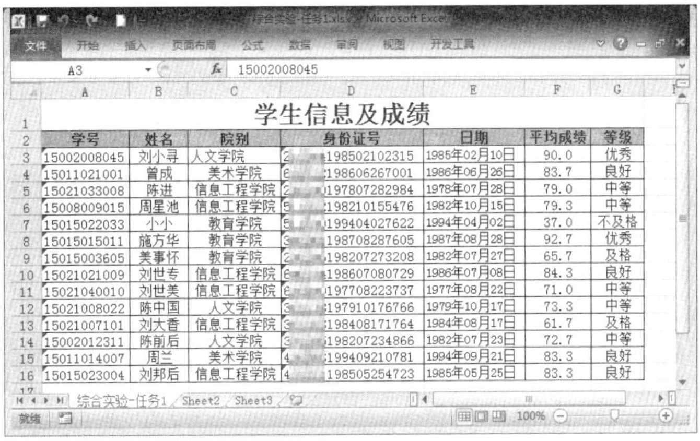

	A	B	C	D	E	F	G
1	学生信息及成绩						
2	学号	姓名	院别	身份证号	日期	平均成绩	等级
3	15002008045	刘小寻	人文学院	2[illegible]198502102315	1985年02月10日	90.0	优秀
4	15011021001	曾成	美术学院	6[illegible]198606267001	1986年06月26日	83.7	良好
5	15021033008	陈进	信息工程学院	2[illegible]197807282984	1978年07月28日	79.0	中等
6	15008009015	周星池	信息工程学院	5[illegible]198210155476	1982年10月15日	79.3	中等
7	15015022033	小小	教育学院	5[illegible]199404027622	1994年04月02日	37.0	不及格
8	15015015011	施方华	教育学院	3[illegible]198708287605	1987年08月28日	92.7	优秀
9	15015003605	美事怀	教育学院	2[illegible]198207273208	1982年07月27日	65.7	及格
10	15021021009	刘世专	信息工程学院	6[illegible]198607080729	1986年07月08日	84.3	良好
11	15021040010	刘世美	信息工程学院	6[illegible]197708223737	1977年08月22日	71.0	中等
12	15021008022	陈中国	人文学院	3[illegible]197910176766	1979年10月17日	73.3	中等
13	15021007101	刘大香	信息工程学院	3[illegible]198408171764	1984年08月17日	61.7	及格
14	15002012311	陈前后	人文学院	3[illegible]198207234866	1982年07月23日	72.7	中等
15	15011014007	周兰	美术学院	4[illegible]199409210781	1994年09月21日	83.3	良好
16	15015023004	刘邦后	信息工程学院	4[illegible]198505254723	1985年05月25日	83.3	良好

图 4-9　综合实验任务 1 效果-样张

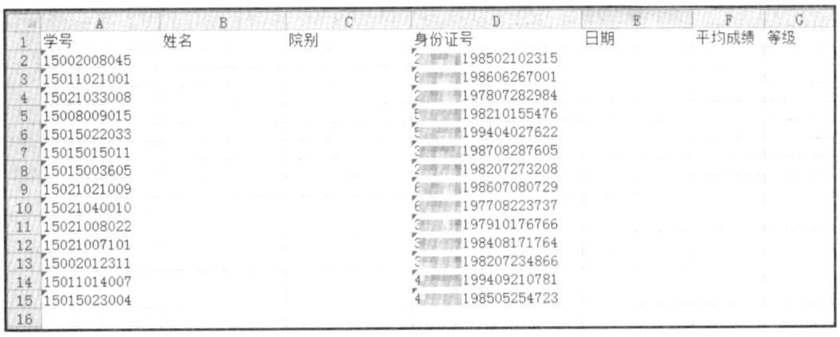

	A	B	C	D	E	F	G
1	学号	姓名	院别	身份证号	日期	平均成绩	等级
2	15002008045			2[illegible]198502102315			
3	15011021001			6[illegible]198606267001			
4	15021033008			2[illegible]197807282984			
5	15008009015			5[illegible]198210155476			
6	15015022033			5[illegible]199404027622			
7	15015015011			3[illegible]198708287605			
8	15015003605			2[illegible]198207273208			
9	15021021009			6[illegible]198607080729			
10	15021040010			6[illegible]197708223737			
11	15021008022			3[illegible]197910176766			
12	15021007101			3[illegible]198408171764			
13	15002012311			3[illegible]198207234866			
14	15011014007			4[illegible]199409210781			
15	15015023004			4[illegible]198505254723			
16							

图 4-10　数据表

知识拓展

身份证的含义：身份证号码由 18 位数字组成，它们分别为：

① 前 1、2 位表示所在的省份。

② 前 3、4 位表示所在的城市。

③ 前 5、6 位表示所在区县。

④ 第 7～14 位表示出生年、月、日。

⑤ 第 15～16 位表示同一地址辖区内同年同月同日出生的人的顺序。

⑥ 第 17 位表示性别标识，男单女双。

⑦ 第 18 位是校检码（0-9，X），0-9 用具体的数字表示，X 表示 10。

（2）将“Excel 基础实验.xlsx”工作簿中的“任务 2 效果”工作表（见图 4-11）中的“姓名”“院别”及“平均成绩”数据，用 VLOOKUP()函数复制到图 4-10 所示的工作簿文件所对应的数据表列位置中。

操作提示：

① 保证要操作的工作簿文件都打开。

②“姓名”列数据的复制：选中图 4-10 所示工作表中的 B2 单元格，输入公式：

```
=VLOOKUP(A2,[Excel 基础实验.xlsx]任务 2 效果!$A$3:$J$16,2,FALSE)
```

并用鼠标指向该单元格填充控制柄，双击即可完成操作。

③“院别”列数据的复制：选中图 4-10 所示工作表中的 C2 单元格，输入公式：

```
=VLOOKUP(A2,[Excel 基础实验.xlsx]任务 2 效果!$A$3:$J$16,5,FALSE)
```

并用鼠标指向该单元格填充控制柄，双击即可完成操作。

学生成绩排名及等级表

学号	姓名	出生日期	姓别	院别	计算机	高等数学	英语	平均成绩	名次
15002008045	刘小寻	1997/3/5	男	人文学院	95	90	85	90.0	1
15011021001	曾成	1997/11/27	女	美术学院	76	98	77	83.7	4
15021033008	陈进	1998/8/14	男	信息工程学院	90	67	80	79.0	9
15008009015	周星池	1997/9/21	女	信息工程学院	68	80	90	79.3	7
15015022033	小小	1996/12/25	女	教育学院	55	56	0	37.0	14
15015015011	施方华	1997/7/29	男	教育学院	90	78	98	88.7	2
15015003605	美事怀	1997/3/25	男	教育学院	57	50	90	65.7	12
15021021009	刘世专	1998/4/16	男	信息工程学院	70	93	90	84.3	3
15021040010	刘世美	1998/8/27	女	信息工程学院	70	53	90	71.0	11
15021008022	陈中国	1997/8/4	女	人文学院	70	90	60	73.3	10
15021007101	刘大香	1997/5/19	男	信息工程学院	56	90	39	61.7	13
15002012311	陈前后	1997/12/29	男	人文学院	100	80	58	79.3	7
15011014007	周兰	1998/11/20	女	美术学院	90	80	80	83.3	5
15015023004	刘邦后	1996/8/21	男	信息工程学院	80	90	80	83.3	5

图 4-11　Excel 基础实验.xlsx 之“任务 2 效果”表

④“平均成绩”列数据的复制：选中图 4-10 所示工作表中的 F2 单元格，输入公式：

```
=VLOOKUP(A2,[Excel 基础实验.xlsx]任务 2 效果!$A$3:$J$16,9,0)
```

并用鼠标指向该单元格填充控制柄，双击即可完成操作，结果如图 4-12 所示。

F2　=VLOOKUP(A2,[Excel基础实验.xlsx]任务2效果!$A$3:$J$16,9,0)

学号	姓名	院别	身份证号	日期	平均成绩	等级
15002008045	刘小寻	人文学院	2[illegible]198502102315		90	
15011021001	曾成	美术学院	6[illegible]198606267001		83.66667	
15021033008	陈进	信息工程学院	2[illegible]197807282984		79	
15008009015	周星池	信息工程学院	5[illegible]198210155476		79.33333	
15015022033	小小	教育学院	5[illegible]199404027622		37	
15015015011	施方华	教育学院	3[illegible]198708287605		88.66667	
15015003605	美事怀	教育学院	2[illegible]198207273208		65.66667	
15021021009	刘世专	信息工程学院	6[illegible]198607080729		84.33333	
15021040010	刘世美	信息工程学院	6[illegible]197708223737		71	
15021008022	陈中国	人文学院	3[illegible]197910176766		73.33333	
15021007101	刘大香	信息工程学院	3[illegible]198408171764		61.66667	
15002012311	陈前后	人文学院	3[illegible]198207234866		79.33333	
15011014007	周兰	美术学院	4[illegible]199409210781		83.33333	
15015023004	刘邦后	信息工程学院	4[illegible]198505254723		83.33333	

图 4-12　使用 VLOOKUP 函数填充数据

知识拓展——VLOOKUP()函数简介

VLOOKUP()函数是 Excel 中的一个纵向查找函数。它按列查找，最终返回该列所需查询列序所对应的值。

该函数的语法规则如下：

```
VLOOKUP(lookup_value,table_array,col_index_num,range_lookup)
```

函数参数如表 4-1 所示。

表 4-1　VLOOKUP()函数参数含义

参　　数	简 单 说 明	输入数据类型
lookup_value	要查找的值	数值、引用或文本字符串
table_array	要查找的区域	数据表区域
col_index_num	返回数据在查找区域的第几列数	正整数
range_lookup	模糊匹配	TRUE（或不填）/FALSE

（3）用 MID()函数从图 4-12 所示的“身份证号”数据中截取信息并生成“××××年××月××日”格式的日期信息，并将其填充在本工作表的“日期”列内。

操作提示：

在图 4-12 中，选定 E2 单元格，输入公式：

```
=MID(C2,7,4) & "年" & MID(C2,11,2)&"月"& MID(C2,13,2)&"日"
```

并用鼠标指向该单元格填充控制柄，双击即可完成操作，结果如图 4-13 所示。

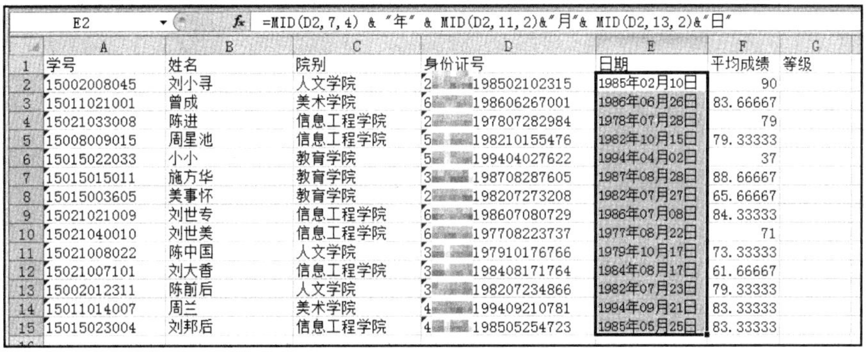

E2　=MID(D2,7,4) & "年" & MID(D2,11,2)&"月"& MID(D2,13,2)&"日"

	A	B	C	D	E	F	G
1	学号	姓名	院别	身份证号	日期	平均成绩	等级
2	15002008045	刘小寻	人文学院	2[illegible]198502102315	1985年02月10日	90	
3	15011021001	曾成	美术学院	6[illegible]198606267001	1986年06月26日	83.66667	
4	15021033008	陈进	信息工程学院	2[illegible]197807282984	1978年07月28日	79	
5	15008009015	周星池	信息工程学院	5[illegible]198210155476	1982年10月15日	79.33333	
6	15015022033	小小	教育学院	5[illegible]199404027622	1994年04月02日	37	
7	15015015011	施方华	教育学院	3[illegible]198708287605	1987年08月28日	88.66667	
8	15015003605	美事怀	教育学院	2[illegible]198207273208	1982年07月27日	65.66667	
9	15021021009	刘世专	信息工程学院	6[illegible]198607080729	1986年07月08日	84.33333	
10	15021040010	刘世美	信息工程学院	6[illegible]197708223737	1977年08月22日	71	
11	15021008022	陈中国	人文学院	3[illegible]197910176766	1979年10月17日	73.33333	
12	15021007101	刘大香	信息工程学院	3[illegible]198408171764	1984年08月17日	61.66667	
13	15002012311	陈前后	人文学院	3[illegible]198207234866	1982年07月23日	79.33333	
14	15011014007	周兰	美术学院	4[illegible]199409210781	1994年09月21日	83.33333	
15	15015023004	刘邦后	信息工程学院	4[illegible]198505254723	1985年05月25日	83.33333	

图 4-13　MID()函数的使用

（4）使用 IF()函数计算图 4-13 的“等级”列数据，并完成填充。要求根据平均成绩决定学生的等级：平均成绩≥90 分为优秀；否则，平均成绩≥80 分为良好；否则，平均成绩≥70 分为中等；否则，平均成绩≥60 分为及格；否则为不及格。

操作提示：

在图 4-13 中，选定 G2 单元格，输入公式：

```
=IF(E2>=90,"优秀",IF(E2>=80,"良好",IF(E2>=70,"中等",IF(E2>=60,"及格",
"不及格"))))
```

并用鼠标指向该单元格填充控制柄，双击即可完成操作，结果如图 4-14 所示。

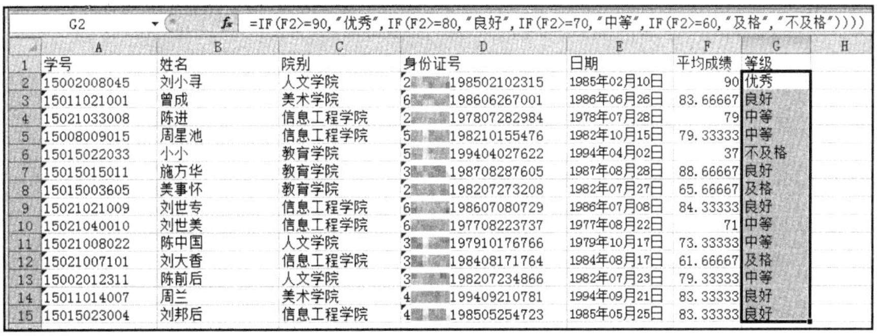

G2　=IF(F2>=90,"优秀",IF(F2>=80,"良好",IF(F2>=70,"中等",IF(F2>=60,"及格","不及格"))))

	A	B	C	D	E	F	G	H
1	学号	姓名	院别	身份证号	日期	平均成绩	等级	
2	15002008045	刘小寻	人文学院	2[illegible]198502102315	1985年02月10日	90	优秀	
3	15011021001	曾成	美术学院	6[illegible]198606267001	1986年06月26日	83.66667	良好	
4	15021033008	陈进	信息工程学院	2[illegible]197807282984	1978年07月28日	79	中等	
5	15008009015	周星池	信息工程学院	5[illegible]198210155476	1982年10月15日	79.33333	中等	
6	15015022033	小小	教育学院	5[illegible]199404027622	1994年04月02日	37	不及格	
7	15015015011	施方华	教育学院	3[illegible]198708287605	1987年08月28日	88.66667	良好	
8	15015003605	美事怀	教育学院	2[illegible]198207273208	1982年07月27日	65.66667	及格	
9	15021021009	刘世专	信息工程学院	6[illegible]198607080729	1986年07月08日	84.33333	良好	
10	15021040010	刘世美	信息工程学院	6[illegible]197708223737	1977年08月22日	71	中等	
11	15021008022	陈中国	人文学院	3[illegible]197910176766	1979年10月17日	73.33333	中等	
12	15021007101	刘大香	信息工程学院	3[illegible]198408171764	1984年08月17日	61.66667	及格	
13	15002012311	陈前后	人文学院	3[illegible]198207234866	1982年07月23日	79.33333	中等	
14	15011014007	周兰	美术学院	4[illegible]199409210781	1994年09月21日	83.33333	良好	
15	15015023004	刘邦后	信息工程学院	4[illegible]198505254723	1985年05月25日	83.33333	良好	

图 4-14　IF()函数的使用

（5）把图 4-14 所示的工作表格式化，最后得出图 4-9 所示的样张效果。

① 添加标题：鼠标指向列标题并右击，选择【插入】命令，完成行的插入；选定单元格区域 A1:F1，单击【开始】→【对齐方式】→【合并及居中】按钮，完成单元格的合并及居中操作；输入标题内容“学生信息及成绩”，酌情设置其字体及大小等。

② 添加表格边框，酌情设置表格中的字体、大小、颜色及文字居中等。

最终效果如图 4-9 样张所示。

【任务 2】 电子表格数据分析实验

电子表格数据分析包括排序、筛选、分类汇总及数据透视表（图）等操作。

排序结果样张如图 4-16 所示；自动筛选结果样张分别如图 4-17 和图 4-19 所示；高级筛选结果样张如图 4-21 所示；分类汇总结果样张如图 4-23 所示；数据透视表结果样张如图 4-25 所示。下面分别进行实验。

任务要求：新建一个工作簿，并命名为“综合实验-任务 2.xlsx”文件。在新工作簿中新建工作表并分别命名为“排序”“自动筛选 a”“自动筛选 b”“高级筛选”“分类汇总”“数据透视表”。

打开“综合实验-任务 1.xlsx”工作簿，将“综合实验-任务 1”工作表（见图 4-9）中的数据分别复制到新建的工作簿“综合实验-任务 2.xlsx”的各个工作表中，为数据分析实验做好充分的准备。

（1）排序实验。

操作提示：

① 设置排序条件：将工作簿切换到“排序”工作表，对“院别”列按不同数据设置不同的单元格填充色，对“平均成绩”列添加单元格图标。现在以“院别”为第一关键字按单元格绿色“在顶端”排序，以“等级”为次要关键字按数值升序排序，以“平均成绩”为第三关键字按数值降序排序。具体操作是：

选中（除总标题外）含列标题在内的所有数据区域。单击【数据】→【排序和筛选】→【排序】按钮，弹出【排序】对话框，设置如图 4-15 所示。

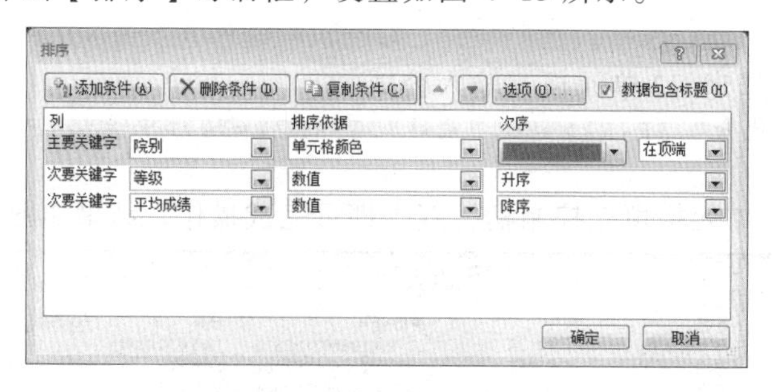

图 4-15 【排序】对话框

② 排序结果：单击【确定】按钮，结果如图 4-16 样张所示。操作完成后请读者认真观察并分析排序结果。

排序注意事项：

- 排序时应保证把所有列的数据都选定在选区内，否则将出现张冠李戴的严重后果。
- 可按单个条件排序，也可按多条件排序。排序条件可多达 64 个。在多条件排序时，按【排序】对话框中从上到下的条件优先排序。

- 可按数值、字体颜色、单元格颜色及单元格图标等作为排序依据，排序的次序会随着排序依据的不同而变化。
- 排序的数据区域不能包含合并单元格。

学生信息及成绩

学号	姓名	院别	身份证号	日期	平均成绩	等级
15011021001	曾成	美术学院	6[illegible]198606267001	1986年06月26日	83.7	良好
15011014007	周兰	美术学院	4[illegible]199409210781	1994年09月21日	83.3	良好
15015022033	小小	教育学院	5[illegible]199404027622	1994年04月02日	37.0	不及格
15015003605	美事怀	教育学院	2[illegible]198207273208	1982年07月27日	65.7	及格
15021007101	刘大香	信息工程学院	3[illegible]198408171764	1984年08月17日	61.7	及格
15021021009	刘世专	信息工程学院	6[illegible]198607080729	1986年07月08日	84.3	良好
15015023004	刘邦后	信息工程学院	4[illegible]198505254723	1985年05月25日	83.3	良好
15015015011	施方华	教育学院	3[illegible]198708287605	1987年08月28日	92.7	优秀
15002008045	刘小寻	人文学院	2[illegible]198502102315	1985年02月10日	90.0	优秀
15008009015	周星池	信息工程学院	5[illegible]198210155476	1982年10月15日	79.3	中等
15021033008	陈进	信息工程学院	2[illegible]197807282984	1978年07月28日	79.0	中等
15021008022	陈中国	人文学院	3[illegible]197910176766	1979年10月17日	73.3	中等
15002012311	陈前后	人文学院	3[illegible]198207234866	1982年07月23日	72.7	中等
15021040010	刘世美	信息工程学院	6[illegible]197708223737	1977年08月22日	71.0	中等

图 4-16 排序结果-样张

（2）自动筛选实验。

在进行自动筛选时，不同的列标题之间只能进行递进关系的筛选；但在一个列标题内却可以实现逻辑与（and）或逻辑或（or）的筛选结果。下面将分别在“自动筛选 a”和“自动筛选 b”工作表中验证这两种筛选结果。

操作提示：

① 将图 4-16 所示的工作表切换到“自动筛选 a”，选定数据区域内任一单元格或选定整个数据区域（不含总标题）。

② 单击【数据】→【排序和筛选】→【筛选】按钮，各个列标题右侧都将出现下拉按钮，单击该按钮，即可进行自动筛选条件设置。

a. 不同列标题设置条件的自动筛选。例如，筛选“院别”为“信息工程学院”，“等级”为“中等”的学生。筛选结果如图 4-17 所示。

学生信息及成绩

学号	姓名	院别	身份证号	日期	平均成绩	等级
15008009015	周星池	信息工程学院	5[illegible]198210155476	1982年10月15日	79.3	中等
15021033008	陈进	信息工程学院	2[illegible]197807282984	1978年07月28日	79.0	中等
15021040010	刘世美	信息工程学院	6[illegible]197708223737	1977年08月22日	71.0	中等

图 4-17 以不同列标题设置条件的筛选-样张

b. 同一列标题下筛选条件设置及筛选结果。例如，筛选平均成绩，筛选条件为“大于或等于 90，或小于 60”。设置方法是：

在添加了自动筛选按钮的条件下，单击“平均成绩”下拉按钮，选择【数字筛选】→【介于】(或【自定义筛选】) 命令，弹出【自定义自动筛选方式】对话框，如图 4-18 所示进行设置。

筛选结果如图 4-19 样张所示。

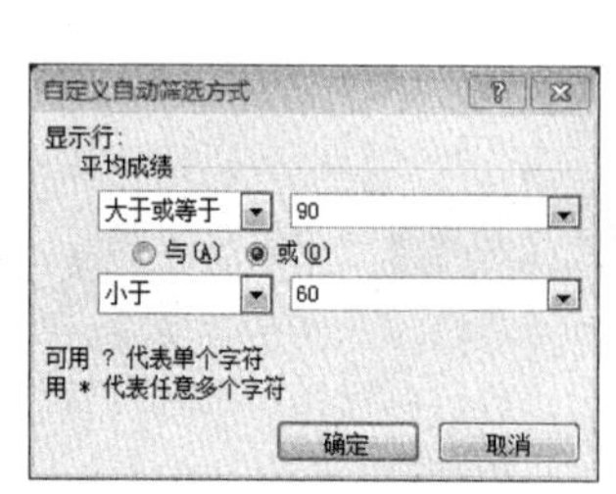

图 4-18 对“平均成绩”设置自动筛选条件

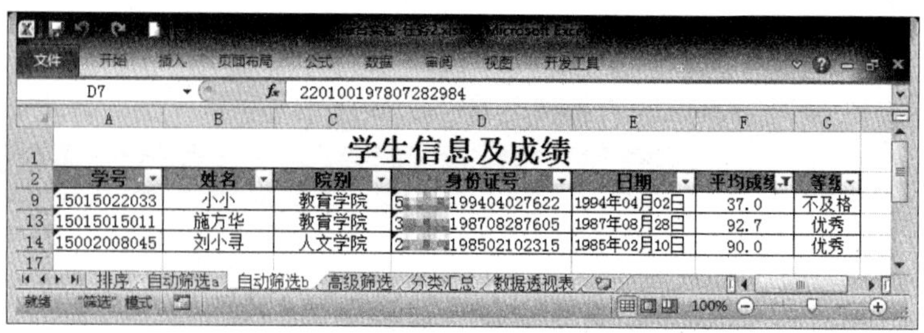

图 4-19 同一列标题设置条件的筛选-样张

（3）高级筛选实验。

高级筛选支持同一列数据或不同列数据之间的“逻辑与（and）”或“逻辑或（or）”的筛选功能。通过对数据表的高级筛选可以得到比自动筛选更加丰富的数据结果。要对数据表进行高级筛选需要预先创建条件区域。下面通过实例体验高级筛选的用法。

操作提示：

① 切换图 4-19 所示的工作表为“高级筛选”。

② 在数据表外的单元格区域创建条件区域。

条件一：筛选所有刘姓且院别为信息工程学院，或者平均成绩大于或等于 90 分，或平均成绩低于 60 分的所有学生记录。

条件二：筛选所有刘姓且平均成绩在 80 分到 90 分之间（不包括 90），或者院别为人文学院且等级为中等的所有学生记录。

③ 进行高级筛选：单击【数据】→【排序与筛选】→【高级】按钮，弹击“高级筛选”对话框，如图 4-20 所示。

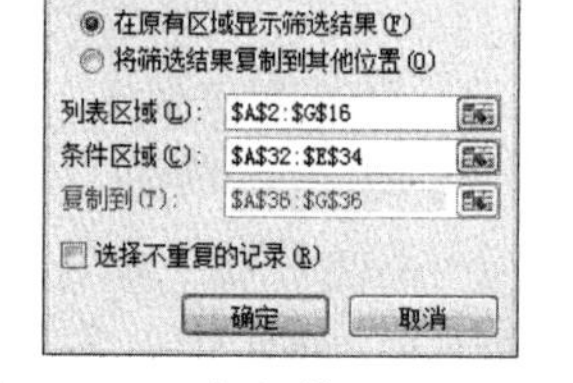

图 4-20 “高级筛选”对话框

④ 确定列表区域，可手动输入其引用的数据列表区域（含列标题），或用鼠标框选；确定条件区域；确定筛选结果存放方式。

⑤ 本例选择【在原有区域显示筛选结果】方式，单击【确定】按钮，便在指定单元格位置开始显示筛选结果。

两次高级筛选的结果，如图 4-21 样张所示。

请读者认真完成实验，并根据数据列表和给定的筛选条件分析清楚为什么会得出这样的筛选结果。

注意：

① 条件区域中的“*”表示通配符，指“任意多个字符”的意思。例如“刘*”。

② 条件区域中表示“等于”关系时，不能写出“=”号。例如“中等”，表示“等级”为“中等”条件。

③ 条件区域中表示的条件不能使用""定界符。

④ 条件区域中的列标题一定要保证与数据列表中对应的列标题完全一样，为了保险起见建议使用“复制”+“粘贴”的方法创建条件区域的列标题。

学生信息及成绩

学号	姓名	院别	身份证号	日期	平均成绩	等级
15021007101	刘大香	信息工程学院	3[illegible]198408171764	1984年08月17日	61.7	及格
15021021009	刘世专	信息工程学院	6[illegible]198607080729	1986年07月08日	84.3	良好
15015023004	刘邦后	信息工程学院	4[illegible]198505254723	1985年05月25日	83.3	良好
15008009015	周星池	信息工程学院	5[illegible]198210155476	1982年10月15日	79.3	中等
15021033008	陈进	信息工程学院	2[illegible]197807282984	1978年07月28日	79.0	中等
15021040010	刘世美	信息工程学院	6[illegible]197708223737	1977年08月22日	71.0	中等
15015022033	小小	教育学院	5[illegible]199404027622	1994年04月02日	37.0	不及格
15015003605	美事怀	教育学院	2[illegible]198207273208	1982年07月27日	65.7	及格
15011021001	曾成	美术学院	6[illegible]198606267001	1986年06月26日	83.7	良好
15011014007	周兰	美术学院	4[illegible]199409210781	1994年09月21日	83.3	良好
15015015011	施方华	教育学院	3[illegible]198708287605	1987年08月28日	92.7	优秀
15002008045	刘小寻	人文学院	2[illegible]198502102315	1985年02月10日	90.0	优秀
15021008022	陈中国	人文学院	3[illegible]197910176766	1979年10月17日	73.3	中等
15002012311	陈前后	人文学院	3[illegible]198207234866	1982年07月23日	72.7	中等

数据区域

姓名	院别	平均成绩	平均成绩
刘*	信息工程学院		
		>=90	
			<60

条件区域一

学号	姓名	院别	身份证号	日期	平均成绩	等级
15021007101	刘大香	信息工程学院	3[illegible]198408171764	1984年08月17日	61.7	及格
15021021009	刘世专	信息工程学院	6[illegible]198607080729	1986年07月08日	84.3	良好
15015023004	刘邦后	信息工程学院	4[illegible]198505254723	1985年05月25日	83.3	良好
15021040010	刘世美	信息工程学院	6[illegible]197708223737	1977年08月22日	71.0	中等
15015022033	小小	教育学院	5[illegible]199404027622	1994年04月02日	37.0	不及格
15015015011	施方华	教育学院	3[illegible]198708287605	1987年08月28日	92.7	优秀
15002008045	刘小寻	人文学院	2[illegible]198502102315	1985年02月10日	90.0	优秀

筛选结果一

姓名	院别	平均成绩	平均成绩	等级
刘*		>=80	<90	
	人文学院			中等

条件区域二

学号	姓名	院别	身份证号	日期	平均成绩	等级
15021021009	刘世专	信息工程学院	6[illegible]198607080729	1986年07月08日	84.3	良好
15015023004	刘邦后	信息工程学院	4[illegible]198505254723	1985年05月25日	83.3	良好
15021008022	陈中国	人文学院	3[illegible]197910176766	1979年10月17日	73.3	中等
15002012311	陈前后	人文学院	3[illegible]198207234866	1982年07月23日	72.7	中等

筛选结果二

排序 / 自动筛选a / 自动筛选b / 高级筛选 / 分类汇总 / 数据透视表

图 4-21　高线筛选-样张

（4）分类汇总实验。

在进行分类汇总时，分类字段必须先要进行排序，执行的分类结果才有意义。排序的目的就是要把分类字段按类分组。用户除了经常应用简单的分类汇总之外（只进行一次分类汇总），有时还需使用次要关键字段进行嵌套的分类汇总。

下面将完成这样的分类字段实验：以“院别”为主要分类字段进行分类汇总，再以“等级”为嵌套分类字段进行分类汇总。

操作提示：

① 为分类汇总进行排序。将图 4-21 所示的工作表切换到“分类汇总”。为了达到分类汇总实验目的，其【排序】对话框的设置如图 4-22 所示。单击【确定】按钮完成排序。

图 4-22　为嵌套分类汇总之【排序】对话框的设置

② 简单分类汇总。操作方法是：选定分类汇总区域，单击【数据】→【分级显示】→【分类汇总】按钮，弹出【分类汇总】对话框，选择“院别”为分类字段，汇总方式为“计数”，可选“姓名”、“院别”等为选定汇总项，选中【汇总结果显示在数据下方】复选框，单击【确定】按钮，完成分类汇总操作。

③ 在上述简单分类汇总的基础上，对“等级”为分类字段进行嵌套分类汇总（因为“等级”已经作为次要关键字段进行了排序）。具体操作方法是：

选定整个数据区域（包含简单分类汇总的整个区域，除总标题外），单击【数据】→【分级显示】→【分类汇总】按钮，弹出【分类汇总】对话框，选择“等级”为分类字段，汇总方式为“平均值”，可选“等级”及其他列标题为选定汇总项，取消选择【替换当前分类汇总】复选框，单击【确定】按钮。嵌套分类汇总结果如图 4-23 样张所示。

学生信息及成绩

	学号	姓名	院别	身份证号	日期	平均成绩	等级
3	15008009015	周星池	信息工程学院	5[illegible]198210155476	1982年10月15日	79.3	中等
4	15021033008	陈进	信息工程学院	2[illegible]197807282984	1978年07月28日	79.0	中等
5	15021040010	刘世美	信息工程学院	6[illegible]197708223737	1977年08月22日	71.0	中等
6						76.4	中等 平均值
7	15021021009	刘世专	信息工程学院	6[illegible]198607080729	1986年07月08日	84.3	良好
8	15015023004	刘邦后	信息工程学院	4[illegible]198505254723	1985年05月25日	83.3	良好
9						83.8	良好 平均值
10	15021007101	刘大香	信息工程学院	3[illegible]198408171764	1984年08月17日	61.7	及格
11						61.7	及格 平均值
12		信息工程学院 计数	6				
13	15021008022	陈中国	人文学院	3[illegible]197910176766	1979年10月17日	73.3	中等
14	15002012311	陈前后	人文学院	3[illegible]198207234866	1982年07月23日	72.7	中等
15						73.0	中等 平均值
16	15002008045	刘小寻	人文学院	2[illegible]198502102315	1985年02月10日	90.0	优秀
17						90.0	优秀 平均值
18		人文学院 计数	3				
19	15011021001	曾成	美术学院	6[illegible]198606267001	1986年06月26日	83.7	良好
20	15011014007	周兰	美术学院	4[illegible]199409210781	1994年09月21日	83.3	良好
21						83.5	良好 平均值
22		美术学院 计数	2				
23	15015015011	施方华	教育学院	3[illegible]198708287605	1987年08月28日	92.7	优秀
24						92.7	优秀 平均值
25	15015003605	美事怀	教育学院	2[illegible]198207273208	1982年07月27日	65.7	及格
26						65.7	及格 平均值
27	15015022033	小小	教育学院	5[illegible]199404027622	1994年04月02日	37.0	不及格
28						37.0	不及格 平均值
29		教育学院 计数	3				
30						75.5	总计平均值
31		总计数	14				

图 4-23 嵌套分类汇总-样张

（5）数据透视表。

Excel 数据透视表是数据魔方工具，能快速对数据进行各种动态分析。下面以图 4-23 所示的“数据透视表”工作表中的数据表（见图 4-24）为例进行数据透视表实验。

学生信息及成绩

	学号	姓名	院别	计算机	高等数学	日期	平均成绩	等级
3	150210071	刘大香	信息工程学院	87	78	1984年08月17日	82.5	良好
4	150210210	刘世专	信息工程学院	68	77	1986年07月08日	72.5	中等
5	150150230	刘邦后	信息工程学院	98	68	1985年05月25日	83.0	良好
6	150080090	周星池	信息工程学院	88	95	1982年10月15日	91.5	优秀
7	150210330	陈进	信息工程学院	58	45	1978年07月28日	51.5	不及格
8	150210400	刘世美	信息工程学院	74	58	1977年08月22日	66.0	及格
9	150150220	小小	教育学院	59	63	1994年04月02日	61.0	及格
10	150150036	美事怀	教育学院	69	87	1982年07月27日	78.0	中等
11	150110210	曾成	美术学院	87	75	1986年06月26日	81.0	良好
12	150110140	周兰	美术学院	75	56	1994年09月21日	65.5	及格
13	150150150	施方华	教育学院	47	99	1987年08月28日	73.0	中等
14	150020080	刘小寻	人文学院	89	80	1985年02月10日	84.5	良好
15	150210080	陈中国	人文学院	81	85	1979年10月17日	83.0	良好
16	150020123	陈前后	人文学院	60	70	1982年07月23日	65.0	及格

图 4-24 用于“数据透视表”实验的数据列表

实验任务：以“院别”为单位计算所属学生的平均成绩，该成绩以“计算机”和“高等数学”平均成绩为“中等”和“良好”为计算的依据。实验结果如图 4-25 所示。

图 4-25　数据透视表-样张

操作提示：

① 将“院别”字段拖动到【报表筛选】区域，作为筛选字段。

② 将“姓名”字段拖动到【行标签】区域，作为分析的行标题。

③ 将“等级”字段拖动到【列标签】区域，并在列标签筛选下拉按钮【 】中将“中等”和“良好”筛选框选中（其他项不选），作为计算的平均值项。

④ 将“计算机”和“高等数学”字段拖动到“数值”区域，并将鼠标指向“行标签”上的“求和”并右击，选择【值字段设置】命令，弹出【值字段设置】对话框，选定“平均值”选项，单击【确定】按钮。得到图 4-25 所示的数据透视表效果。

最后将 Excel 实验文档保存，结束 Excel 综合实验。

第 5 章　演示文稿制作 PowerPoint 2010

5.1　基础实验：PowerPoint 基本操作

【实验目的】

1. 掌握演示文稿的创建和保存。
2. 掌握演示文稿视图的使用、幻灯片的制作、插入和删除。
3. 掌握文字编排、图片、图表插入和编辑。
4. 掌握设计模板、幻灯片母版和配色方案的使用。
5. 掌握设置简单动画的方法。
6. 掌握幻灯片放映的方法。

【实验内容】

1. 新建演示文稿。
2. 版式、视图的使用。
3. 模板、幻灯片母版的使用。
4. 设计幻灯片外观。
5. 动画和切换效果。

【实验要求】

【任务】　PowerPoint 演示文稿的基本制作过程及方法

PowerPoint 2010 是演示文稿制作软件，不仅可以制作出图文并茂的幻灯片，而且还可以配上一些特殊的演示效果（如声音、动画等），被广泛应用于制作产品介绍、学术演讲、公司简介、计划、教学课件等方面。如下是信息工程学院简介演示文稿的制作过程：效果样张如图 5-1 所示。

（a）

（b）

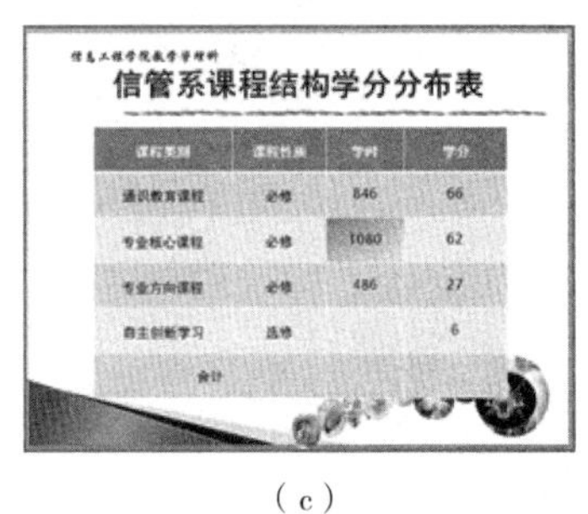

（c）

图 5-1　PowerPoint 演示文稿基本制作实验-样张

（d）

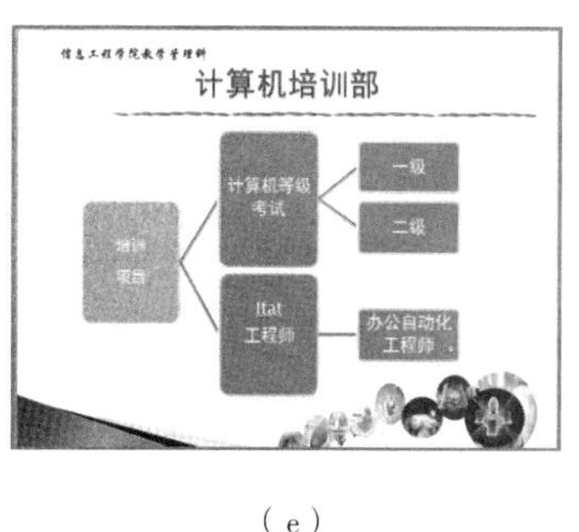

（e）

图 5-1　PowerPoint 演示文稿基本制作实验–样张（续）

（1）新建一个 PowerPoint 文档，以“信工学院”为名保存在 D 盘上，幻灯片设计采用名为“聚合”的模板。

操作提示：

① 启动 PowerPoint 2010 应用程序，程序默认建立一个空白演示文稿，单击快速访问工具栏中的【保存】按钮，按要求保存于 D 盘。

② 单击【设计】→【主题】→【其他】按钮，选择【聚合】设计模板，如图 5-2 所示。

图 5-2　选择模板

提示：直接单击设计模板，系统默认将此模板应用于所有幻灯片，如果只想将所选模板应用于当前幻灯片，则在所选模板上右击，在弹出的快捷菜单中选择【应用于选定幻灯片】即可。

（2）设计第一、二张幻灯片的文本。

操作提示：

① 单击第一张幻灯片的标题占位符，在占位符中输入“信息工程学院简介”，文字对齐方式为“居中对齐”用同样的方法在副标题占位符中录入“制作人：雨轩”。

② 单击【开始】→【幻灯片】→【新建幻灯片】下拉按钮，选择【标题和内容】版式（见图 5-3），即可建立一张“标题和内容”版式的幻灯片，在标题和内容占位符中输入相应的文本，设置标题文本为居中对齐。

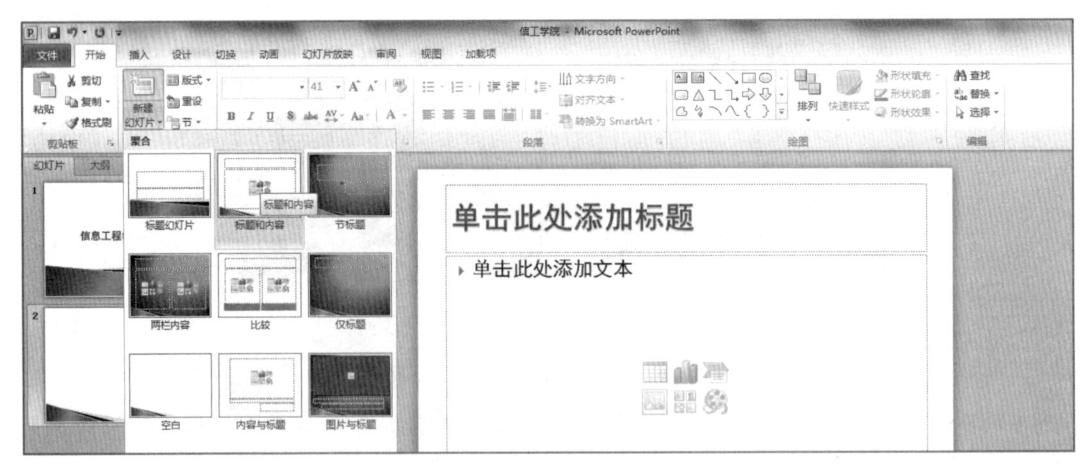

图 5-3 选择幻灯片版式

提示：建立一张新的幻灯片，也可以直接按【Ctrl+M】组合键，然后单击【开始】→【幻灯片】→【版式】下拉按钮，在打开的下拉列表中选择新的版式。

③ 设置第二张幻灯片内容的格式。选定内容文本，单击【开始】→【段落】命令组右下角的【对话框启动器】按钮，弹出【段落】对话框，在【间距】区域设置【行距】为【双倍行距】，如图 5-4 所示。

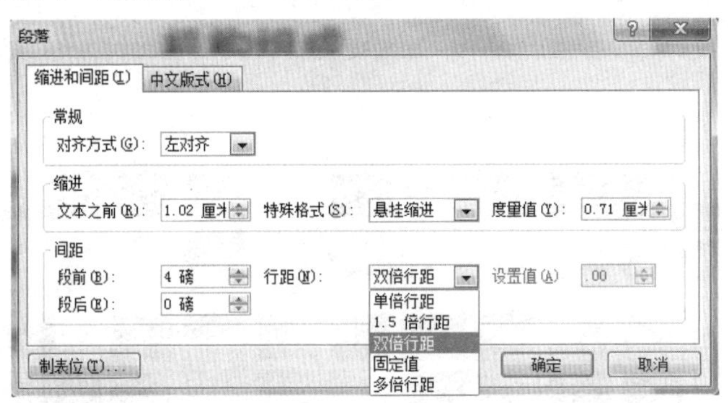

图 5-4 “段落”对话框

④ 选定第二张幻灯片内容部分的文本，单击【开始】→【段落】→【项目符号】下拉按钮，选择【项目符号和编号】命令，弹出【项目符号和编号】对话框，单击【图片】按钮，弹出【图片项目符号】对话框，选择相应的图片，单击【确定】按钮。

（3）设置第三张幻灯片，在幻灯片中插入表格。

操作提示：

① 新建第三张幻灯片，在标题占位符中输入“信管系课程结构学分分布表”，居中对齐。单击【插入】→【表格】→【表格】下拉按钮，在下拉列表中拖出一个 6 行 4 列的表格，如图 5-5 所示。

拖动表格的下边框线将表格的行放大，在表格中输入相应的内容，设置表格中文本的对齐方式为：水平、垂直居中对齐，如图 5-6 所示。

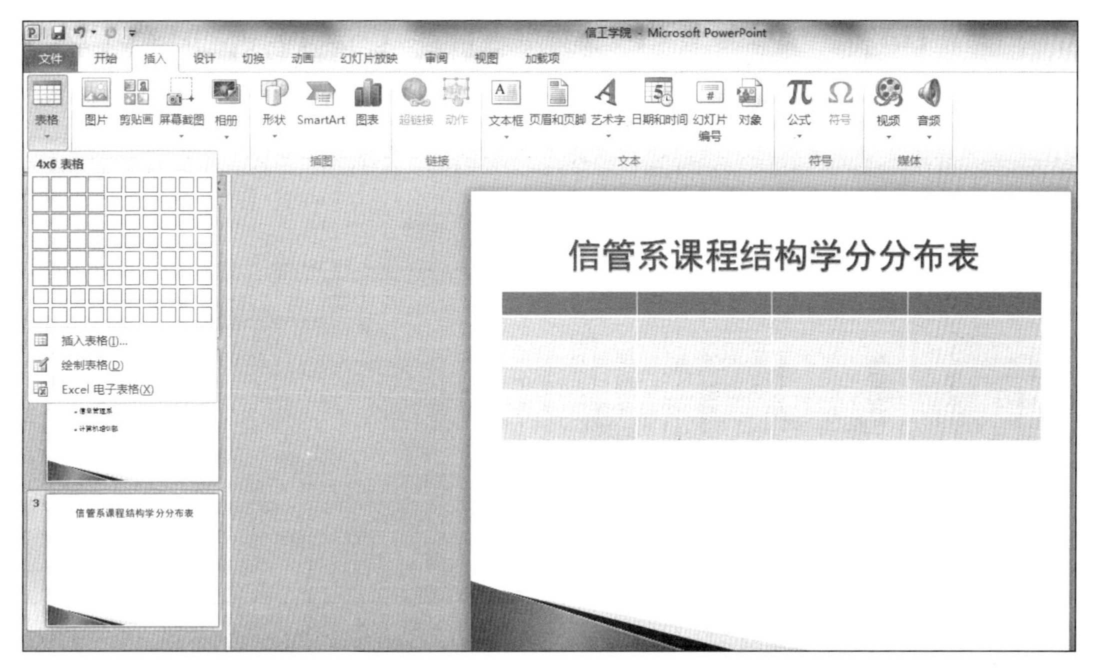

图 5-5　在幻灯片中插入表格

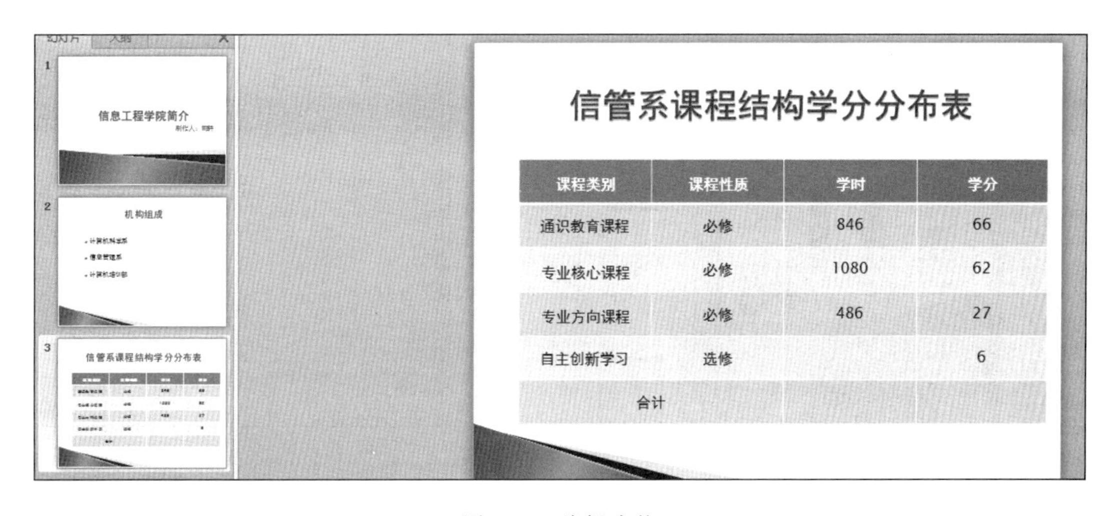

课程类别	课程性质	学时	学分
通识教育课程	必修	846	66
专业核心课程	必修	1080	62
专业方向课程	必修	486	27
自主创新学习	选修		6
合计			

图 5-6　编辑表格

（4）建立第四张幻灯片，在幻灯片中插入图表。

操作提示：

① 插入一张新的幻灯片，在标题占位符中输入“计算机系近三年学生通过软考情况”，居中对齐。

② 单击【插入】→【插图】→【图表】按钮，弹出【插入图表】对话框，选择“簇状柱形图”，单击【确定】按钮，如图 5-7 所示。

在其 Excel 表格中删除了“类别 4”行，删除“系列 2、系列 3”列，分别在类别 1、2、3 中输入 2011 年、2012 年、2013 年。在系列 1 中输入 70%、75%、78%，如图 5-8 所示。然后关闭 Excel 表格。

③ 单击【插入】→【文本】→【文本框】→【横排文本框】按钮，在图表下拖动鼠标绘出一个文本框，在文本框中输入文字“备注：软考指计算机技术与软件专业技术资格（水平）考试”，如图 5-8 所示。

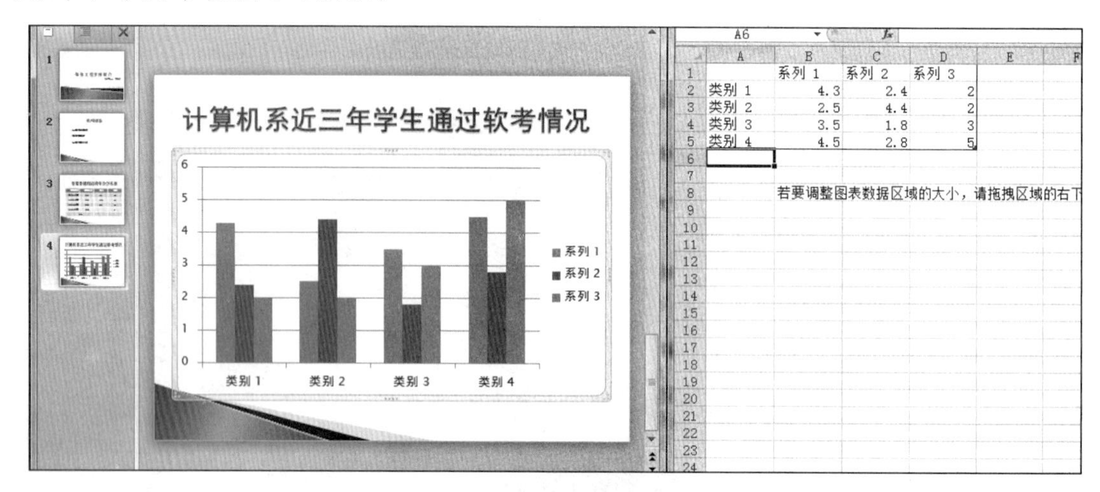

图 5-7　创建图表

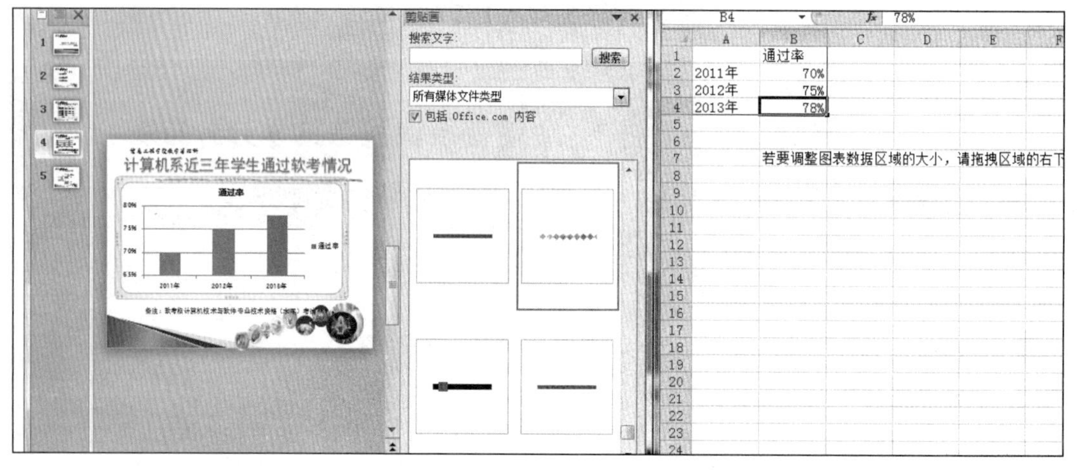

图 5-8　编辑图表

（5）建立第五张幻灯片，在幻灯片中插入 SmartArt 图。

操作提示：

① 插入一张新的幻灯片，在标题占位符中输入“计算机培训部”，居中对齐。

② 单击【插入】→【插图】→【SmartArt】按钮，弹出【选择 SmartArt 图形】对话框，选择“水平层次结构”，单击【确定】按钮，如图 5-9 所示。在对应的位置输入相应的文字即可，用鼠标拖动图形的边框将图形放大。

（6）应用幻灯片母版功能改变幻灯片的外观。

操作提示：

① 单击【视图】→【母版视图】→【幻灯片母版】按钮，切换到幻灯片母版编辑窗口，如图 5-10 所示。

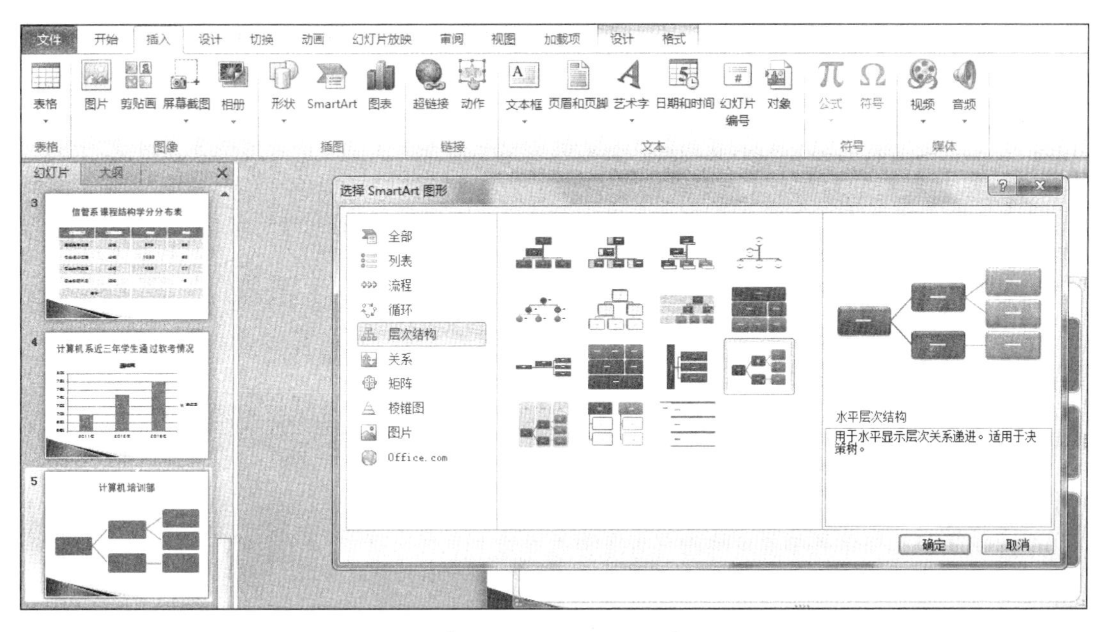

图 5-9　【选择 SmartArt 图形】对话框

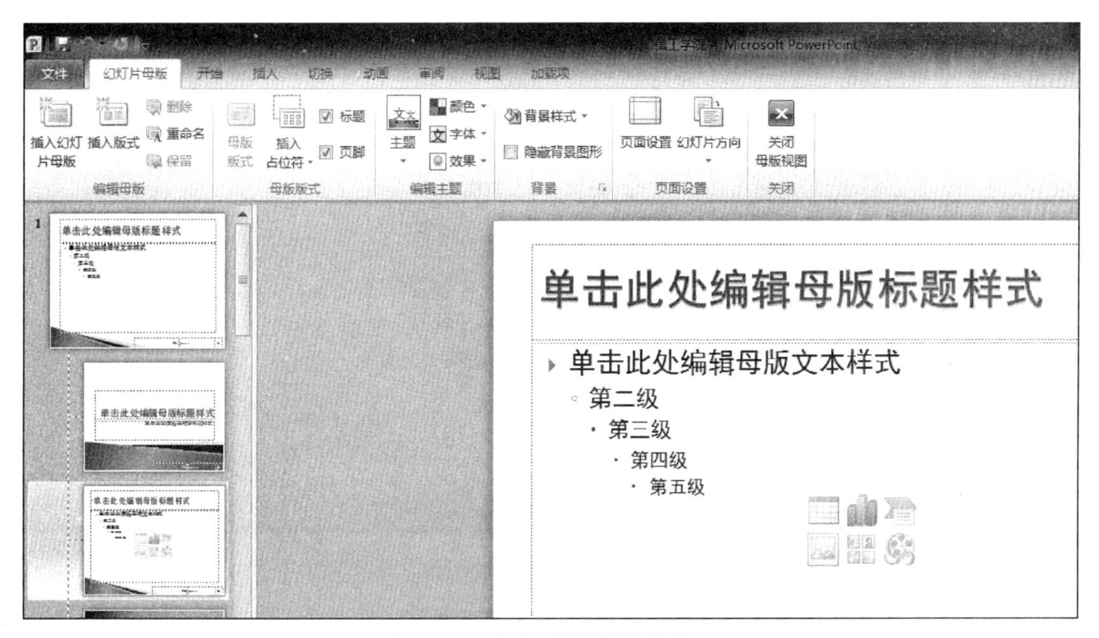

图 5-10　幻灯片母版编辑界面

② 选定母版的第一张总的幻灯片，单击【插入】→【文本】→【艺术字】下拉按钮，选择“渐变填充，青绿，强调文字颜色 1”样式，在艺术字占位符中输入“信息工程学院教学管理科”，设置字体为华文行楷，字号为 24 号，拖动到第一张幻灯片的左上角，如图 5-11 所示。

③ 在幻灯片母版窗口中选定“标题和内容版式”幻灯片，单击【插入】→【文本】→【形状】按钮，在“基本形状”中选择“椭圆”工具，然后在子幻灯片的右下角画出几个椭圆，将每个设置成无边框和图片填充的格式，填充图片自行选取，如图 5-12 所示。

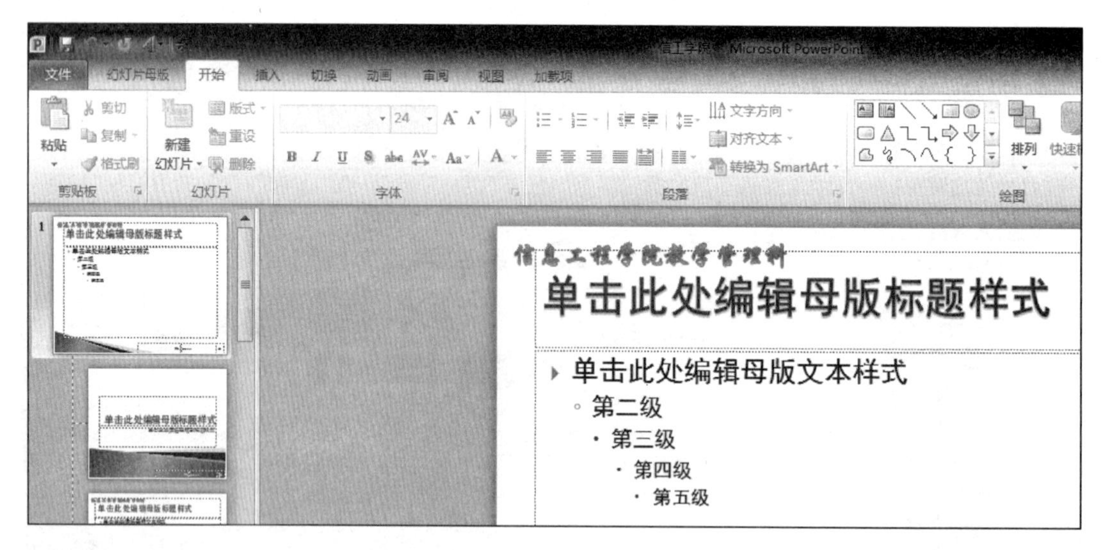

图 5-11 添加艺术字

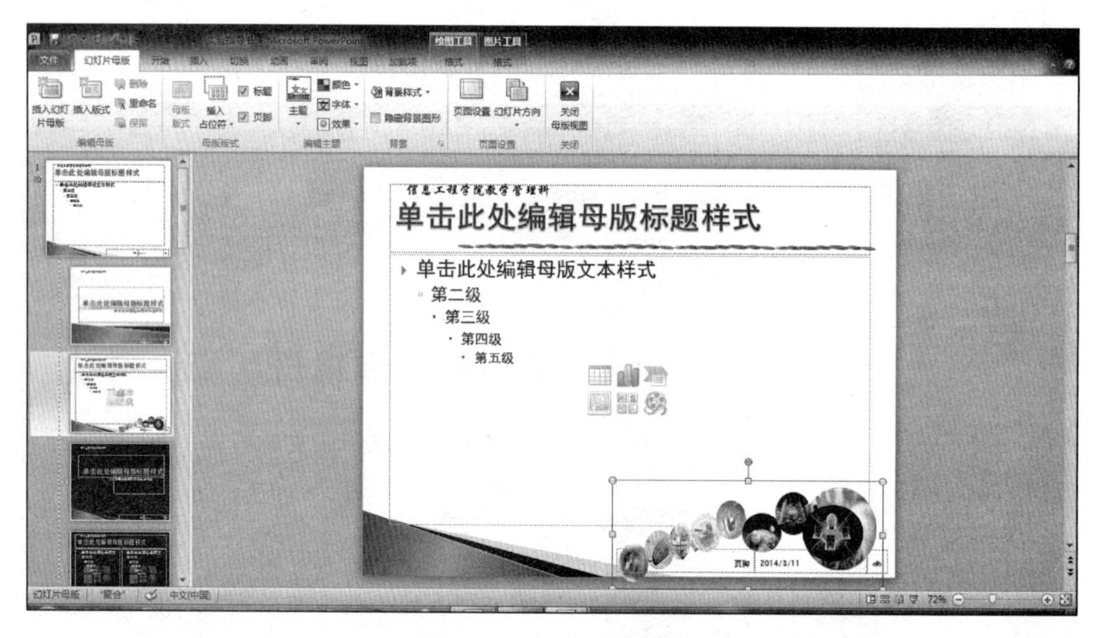

图 5-12 自选图形编辑

④ 分别在“标题和副标题”“标题和内容”版式的幻灯片母版的标题下方插入剪贴画中的分隔线，母版设置完毕，单击【幻灯片母版】→【关闭】→【关闭母版视图】按钮，返回到幻灯片普通视图编辑窗口。

（7）简单的动画设置。将“标题和副标题”版式的幻灯片标题设置动画为“单击鼠标，从下方浮入”，将“标题和内容”版式的幻灯片标题设置动画为“单击时，形状放大”。

操作提示：

① 切换到幻灯片母版编辑窗口。

② 选定“标题和副标题”版式的幻灯片标题，单击【动画】→【动画】→【浮入】按钮，在【效果选项】下拉列表中选择【上浮】，在【计时】命令组的【开始】下拉列表框

中选择【单击】时，如图 5-13 所示。按照前面的方法设置其他要求的动画。

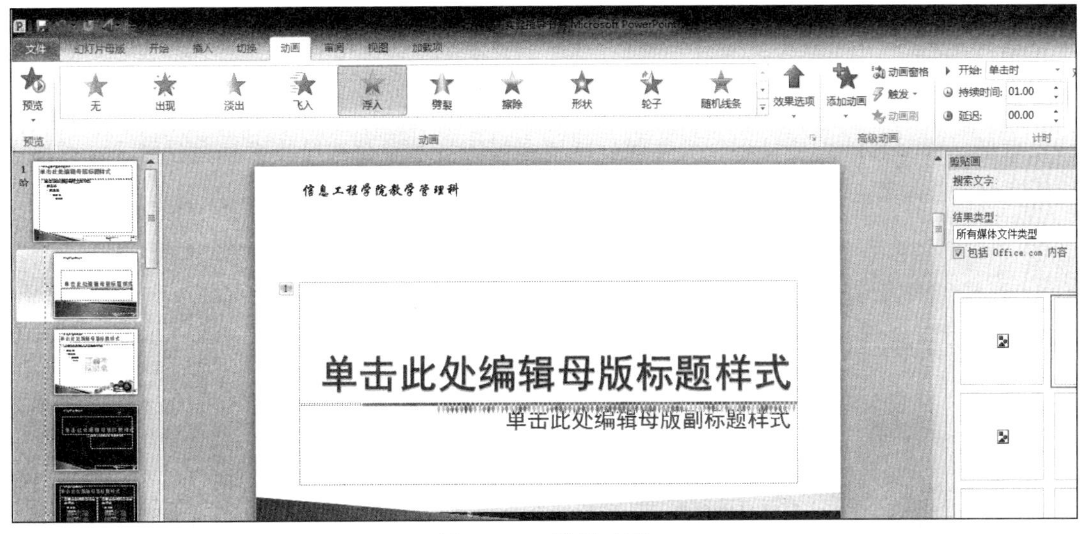

图 5-13　设置动画

5.2　能力目标实验：PowerPoint 制作交互型课件

【实验目的】

通过设计并制作一个较复杂的交互型课件的过程，使读者深入了解并掌握幻灯片母版的作用，熟练掌握课件内超链接的设置方法。从而培养学生课件制作能力、艺术设计能力、计算机应用能力及计算思维能力。

【实验内容】

1. 课件的分类及作用及交互型课件的设计方法。
2. 使用幻灯片母版进行课件界面设计。
3. 图片在幻灯片设计中的综合应用。

【实验要求】

【任务】　制作交互型课件

1. 实验预备知识：课件的分类

（1）根据运行环境，课件可分为：

① 单机型。

② 网络型。

（2）根据教学功能及用途，课件可分为：

① 助教型。

② 助学型。

③ 教学结合型。

④ 游戏学习型。

（3）根据多媒体课件的交互性，课件可分为：

① 演示型。

② 交互型。

2. 设计并创建交互型课件

案例：以“我的成长过程”为主题，应用多媒体技术及超链接技术，充分展示自己的成长环境及成长过程。本例交互型课件在“幻灯片浏览”视图下的效果样张如图 5-14 所示。

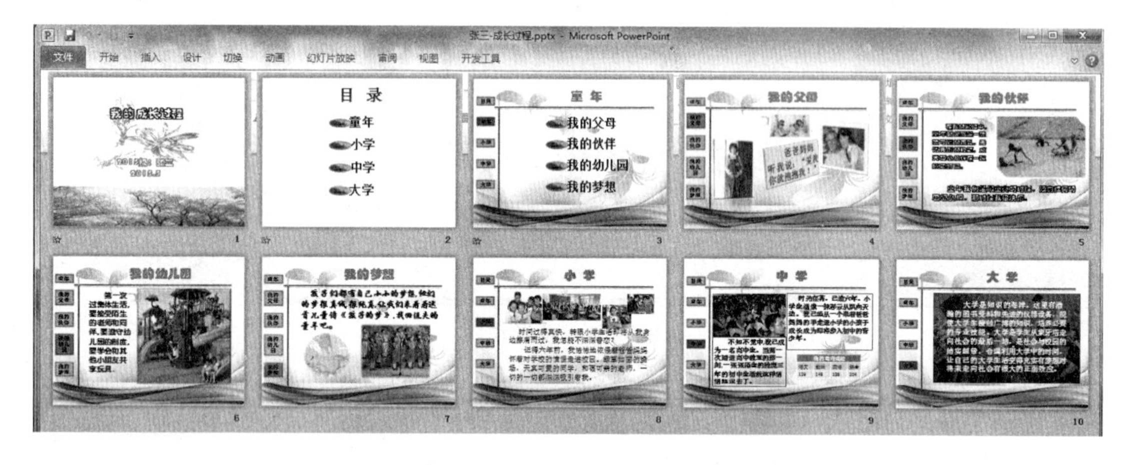

图 5-14　张三-成长过程课件-样张

操作提示：

（1）创建文件。可选定模板创建一个 PowerPoint 演示文稿，此处我们不妨创建一个空白演示文稿，并将其保存为“张三-成长过程.pptx”。

（2）自定义幻灯片版式。在整个课件中，需要用到的幻灯片版式有两种，分别是“标题幻灯片”版式及“标题和内容”版式。要使课件风格统一，并且课件制作效率高，就应该在应用幻灯片之前先设计好所使用的幻灯片版式的统一风格，这个任务必须在“幻灯片母版”中完成。操作过程是：

第 1 步：进入幻灯片母版，设计“标题幻灯片”版式。单击【视图】→【母版视图】→【幻灯片母版】按钮，进入“幻灯片母版”编辑状态，如图 5-15 所示。

图 5-15　“幻灯片母版”的“标题幻灯片”编辑状态

在所提供的 11 张幻灯片母版版式中选定第 2 张，即“标题幻灯片”版式母版。在操作之间先准备好要用的素材。在本案例中要用的一切素材不妨都从剪贴画库中搜索获取。例如，在【剪贴画】任务窗格中，以“艺术画”为搜索文字搜索，可以搜到丰富的艺术画；以“背景”为搜索文字搜索，可以找到适合幻灯片母版背景用的素材；以“分隔线”为搜索文字搜索，可以搜到丰富的线条，等等。当插入的图片要用于幻灯片背景时，应将其置于底层才不会遮挡版面上的其他对象。如图 5-16 所示，是对标题幻灯片母版添加了两幅艺术画并将其置于底层，同时将标题和副标题的字体都设置成华文彩云、加粗（其他字体属性默认）的效果。

图 5-16　设置标题幻灯片母版

第 2 步：设计“标题和内容”版式。在本案例中，插入了两幅图片和两根分隔线，并对插入的素材进行了调整，还将母版标题设置成华文琥珀字体、44 磅、浅蓝色，效果如图 5-17 所示。完成上述设置后单击【关闭母版视图】按钮，返回到普通视图状态。

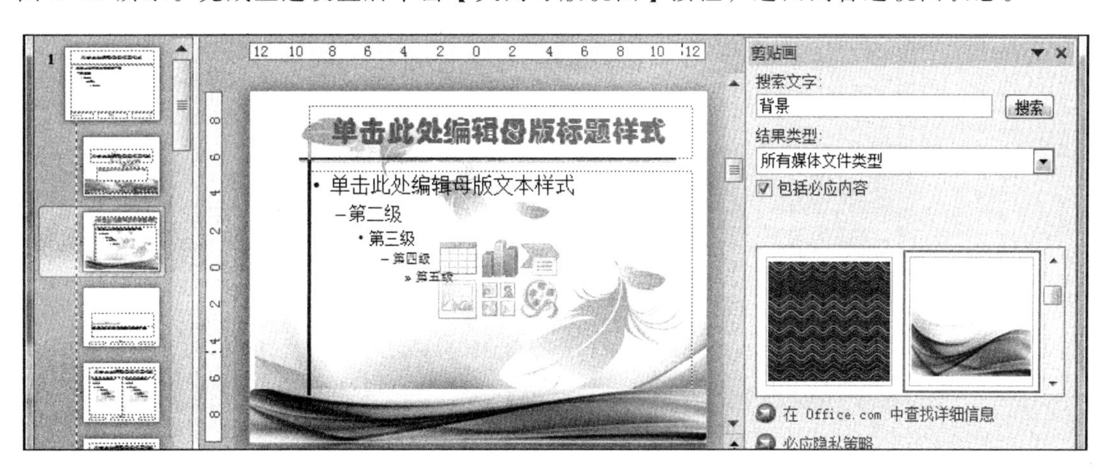

图 5-17　设计“标题和内容”版式的母版

第 3 步：制作课件封面。一个完整的课件像一本书籍一样，需要封面、目录和正文。现在本课件中只有一张“标题幻灯片”，是随演示文稿创建时自动生成的。现在对其输入具体的标题和副标题内容，也可根据需要添加一些其他对象。课件封面如图 5-18 所示。

图 5-18　课件封面制作

第 4 步：制作目录幻灯片。插入一幅新幻灯片（单击【开始】→【幻灯片】→【新建幻灯片】按钮），用于制作课件目录。其版式选择“标题和内容”。可以看到其版式效果与图 5-17 完全一样，现在单击标题占位符输入“目录”；单击内容占位符输入具体目录内容，并适当进行字体、段落等设置，如图 5-19 所示。

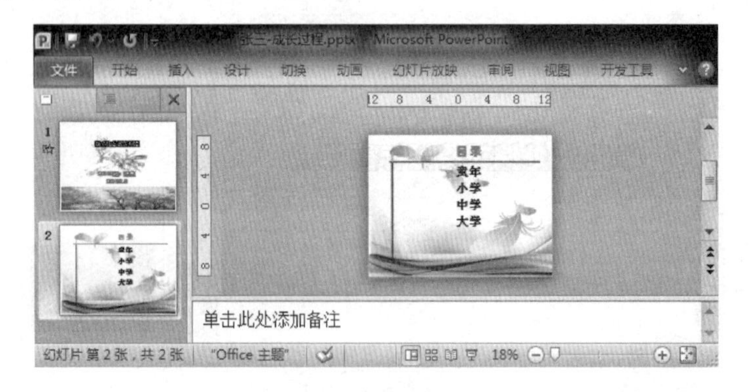

图 5-19　课件“目录”幻灯片制作

第 5 步：根据“目录”项添加正文幻灯片。由于每个目录项的内容至少要由一张幻灯片进行展示，因此需要创建四张“标题和内容”版式的幻灯片，并将“目录”中的四个目录项分别作为四张幻灯片的标题。操作结果如图 5-20 所示。

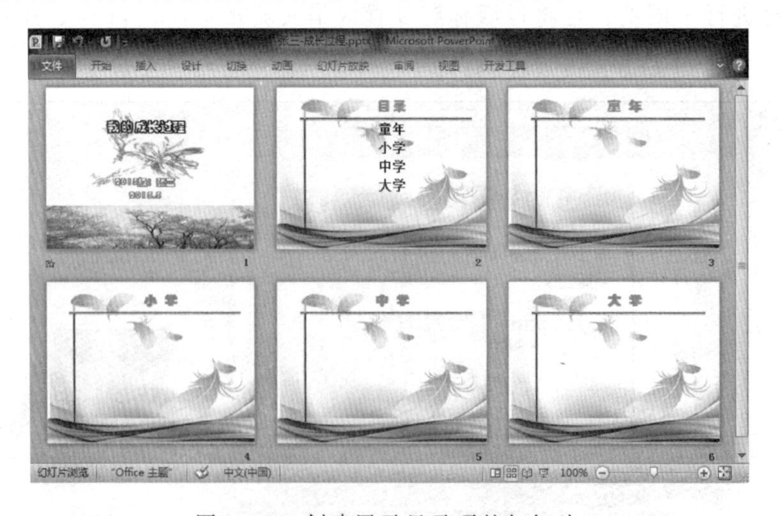

图 5-20　创建展示目录项的幻灯片

第 6 步：制作具有“超链接”功能的导航栏。为了课件具有统一标准的导航风格，特别为了大大减少“超链接”的设置步骤，此项任务一定要在“幻灯片母版”中完成。概括此步的操作过程是：根据目录项在幻灯片母版中创建导航栏→设置导航栏中目录项与对应幻灯片的超链接。下面分别细化说明其操作。

① 创建导航栏。进入“幻灯片母版”→将“标题和内容”版式选为当前编辑母版（上面“第 2 步”已对其作为界面设置）→作“插入文本框，输入目录项，设置文本框效果”等操作，创建的导航外观效果如图 5-21 所示。

图 5-21　导航外观效果

② 设置目录项与对应幻灯片的超链接。方法是：选中一个目录项文本框（注意：不是选中文本框内的文字），单击【插入】→【链接】→【超链接】按钮（或【动作】按钮）→【书签】→选定对应标题名称的幻灯片，如图 5-22 所示，再单击【确定】按钮。重复此步操作，直到导航中所有的文本框都与对应的标题名称的幻灯片之间创建超链接关系。

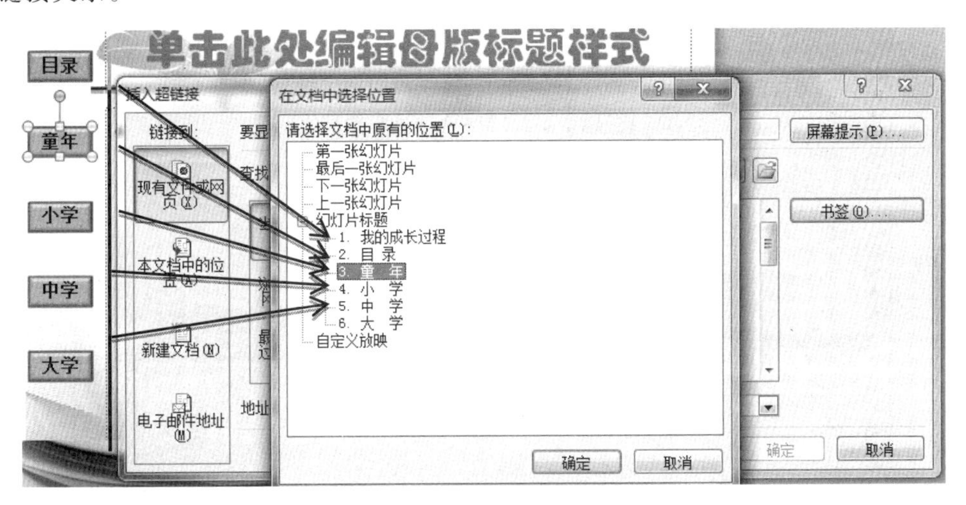

图 5-22　创建超链接

③ 制作个性化的导航。需要根据导航中的目录项个数进行复制当前母版，以便创建展示不同目录项的幻灯片内容的个性化外观。例如，在图 5-22 所示的导航栏中，除“目录”文本框所对应的“目录”幻灯片不采用设计的母版外，其他的都要采用。因此，对于“童年”“小学”“中学”“大学”四个目录项，现在有一个还需要复制三个设计的母版版式。

复制幻灯片母版版式的方法是：右击左侧母版缩略图→选择【复制版式】命令。对于本案例，需要连续执行三次【复制版式】命令操作，如图 5-23 所示。

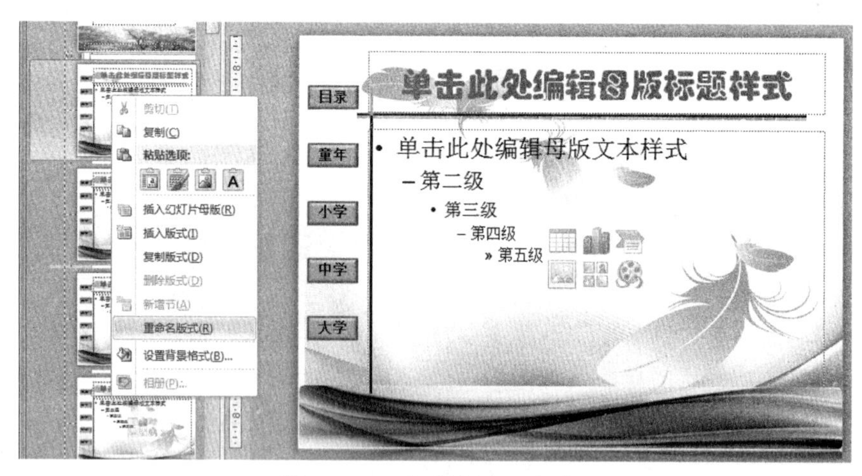

图 5-23 “复制版式”操作

“复制版式”结束后，需要更改用于不同目录项的幻灯片的母版的外观。本例中仅以更改目录项的填充色为例。复制并更改完成后的四个幻灯片母版效果如图 5-24 所示。操作完成后退出母版视图，返回普通视图状态。

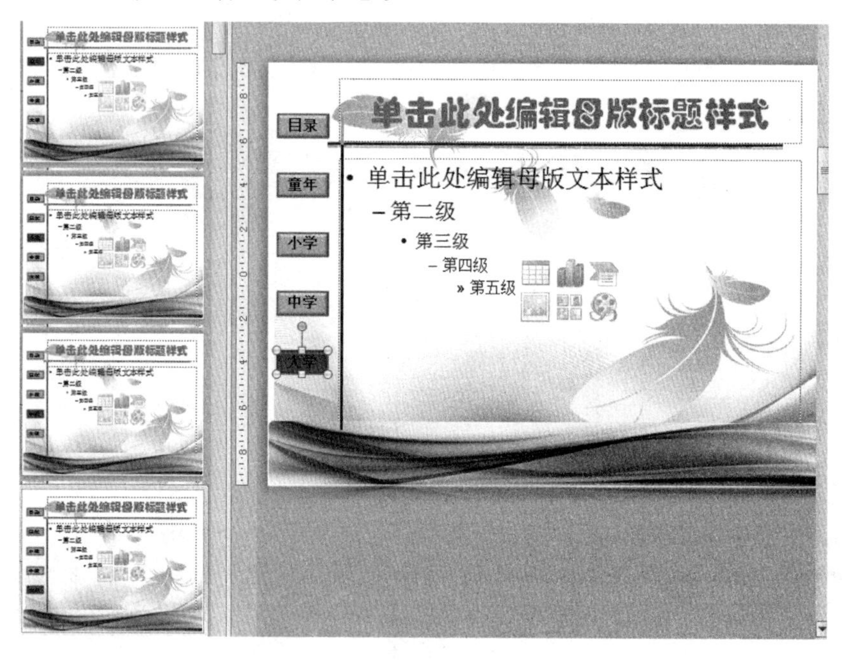

图 5-24 制作个性化的导航

第 7 步：应用个性化导航幻灯片母版版式。制定个性化导航幻灯片母版版式的目的是为了对应的幻灯片使用。方法是：在普通视图的幻灯片模式下选定幻灯片，单击【开始】→【幻灯片】→【版式】下拉按钮，从下拉列表中选取与当前幻灯片标题名称相对应外观的幻灯片版式。但“目录”幻灯片因为本身的各个目录项要创建超链接，所以就不要再选择含有导航的版式，可以根据你的要求选择“空白”或“仅标题”或其他版式。版式选定后，在“幻灯片浏览”视图下的效果如图 5-25 所示。

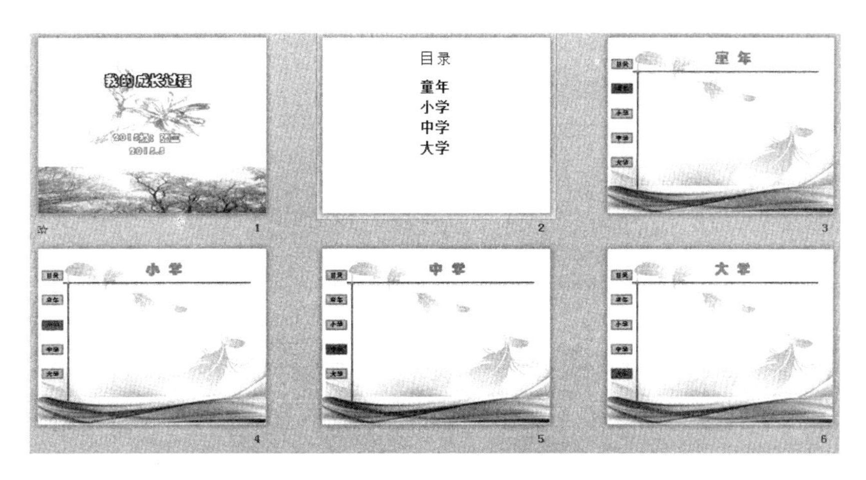

图 5-25　各幻灯片选取相对应的导航版式的效果图

第 8 步：创建“目录”幻灯片中各目录项与对应标题的幻灯片之间的超链接。为了使创建有超链接的文本不出现蓝色的下画线，需要将按占位符输入的文本转成普通文本框的文本（转换方法是：选中文本并执行【剪切】操作，然后将原来的占位符删除，再执行【粘贴】操作），并且在选择用于超链接时，要选择整个文本框（不要只选择文本框里边的文字）。本步骤所创建的超链接的示意图如图 5-26 所示。

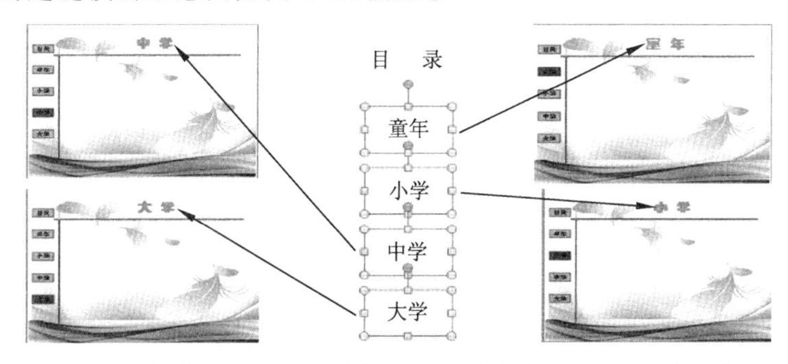

图 5-26　创建目录项（文本框）与对应幻灯片的超链接示意图

第 9 步：创建二级导航。完成上述第 1 步～第 8 步的操作，具有交互功能的课件的一级构架就设计完成了。但许多课件只创建一级导航是不够的，为了使课件的结构更加清晰，需要创建二级导航或三级导航。这就像一本书需要按照“章、节和小节”的多级层次结构来设计和编写一样重要。

创建二级导航的方法及过程，与上述创建一级导航几乎一样。本例以一级目录项“童年”创建二级导航为例进行介绍。其他目录项导航的创建及三级目录项导航的创建，因方法及过程都一样，故在此不再赘述。

简单陈述一下二级导航的创建过程：

① 创建二级目录项（见图 5-14 幻灯片 3 所示效果）。

② 根据目录项数添加新幻灯片（见图 5-14 幻灯片 4～7 所示效果）。

③ 进入“幻灯片母版”视图。

④ 复制版式：将图 5-14 所示的“标题和内容”版式的某张幻灯片母版复制一份用于

创建带二级导航的标准版式。

⑤ 创建带二级导航的标准版式。

⑥ 创建二级导航版式中各个目录项所对应的幻灯片之间的超链接。

⑦ 根据二级目录数复制相应张数的二级导航母版。

⑧ 创建个性化的各个二级目录项导航母版（见图 5-14 幻灯片 4～7 所示效果）。

至此，二级目录导航幻灯片母版创建结束，关闭幻灯片母版，返回普通视图。

第 10 步：二级目录导航幻灯片母版的使用。分别选择图 5-14 所示的幻灯片 4～7，根据“标题与目录项对应关系”选择应用各自的版式。效果如图 5-14 幻灯片 4～7 所示。

第 11 步：创建图 5-14 幻灯片 2 所示的各个目录项与幻灯片 4～7 中相对应的超链接。

第 12 步：编辑并格式化幻灯片。完成上述各个步骤后，具有不同层次结构、规范统一的外观以及正确的超链接体系的课件已经构建好了，但是表示正文的每张幻灯片还没有具体内容。因此本步骤的任务就是对每张幻灯片进行常规编辑和格式化。每张幻灯片的最终效果如图 5-14 所示。

第 13 步：设置放映方式。由于本课件的封面没有建立超链接的入口，而其他幻灯片已经构建了可随意在课件内跳转的超链接体系。因此，对本课件可以设置这样的放映方式：

在普通视图下单击某张幻灯片缩略图，按【Ctrl+A】组合键全选所有幻灯片，再按住【Ctrl】键单击“封面”幻灯片（取消“封面”的选定），取消选中【切换】→【计时】命令组中的【单击鼠标时】复选框。这样在放映本课件时，只有单击超链接对象或左侧的导航选项，才能继续播放课件。

第 6 章　网络基础实验：Internet 的接入

【实验目的】

1. 掌握 ISP 的定义，掌握宽带接入互联网的方法。
2. 掌握在园区网中接入互联网的方法。
3. 掌握 WLAN 的定义，以及构建 WLAN，并使用 WLAN 接入互联网的方法。

【实验内容】

1. 通过宽带接入互联网。
2. 通过园区网接入互联网。
3. 通过 WLAN 接入互联网。

【实验要求】

【任务 1】　宽带接入互联网

任务分析：小明家住本市某小区，他最近买了台计算机，现需连入互联网。在这种情况下，我们将怎样为其进行设计，使其联入互联网呢？

如小明家这种情况，最合理的联入互联网的方式就是采用宽带接入互联网。首先，小明得选择一个互联网服务提供商（Internet Service Provider，ISP）申请一个宽带账号，并由其工作人员从其中心交换机布线到小明家中的网络接口。然后，小明将计算机接入网络接口，完成硬件连接；最后，通过宽带拨号联入互联网。

操作提示：

（1）打开宽带连接界面：单击【开始】按钮→【控制面板】→【网络和共享中心】→【更改适配器设置】，结果如图 6-1 所示。

图 6-1　计算机网络设置界面

（2）双击【宽带连接】图标，弹出【连接宽带连接】对话框，如图 6-2 所示。

（3）在“用户名”和“密码”文本框中输入从 ISP 处获得的账号和密码，单击【连接】按钮，进入【正在连接到】对话框，并向 ISP 的服务器请求连接，【正在连接到】对话框如图 6-3 所示。

（4）当连接成功后，在计算机任务栏右下角中的网络小图标显示为▣，即表示计算机连入互联网。

图 6-2 “连接宽带连接”界面

图 6-3 【正在连接到】对话框

说明：我国目前的 ISP 主要有中国电信、中国移动、中国联通和中国广电等。

小技巧：

① ISP 的选择，在选择互联网服务提供商时，应从价格和性能两方面达到一个平衡，特别是对网络的稳定性应更加注重，例如，如若你选择 10 MB/s 宽带，但若网络稳定性不好，还不如选择稳定性好的 5 MB/s 宽带。

② 进入“拨号界面”并不一定要通过【控制面板】，可以单击任务栏右下角的图标，弹出图 6-4 所示的“快捷网络设置”界面，然后双击【宽带连接】也可连入网络。

图 6-4 “快捷网络设置”界面

【任务 2】 由园区网接入互联网

任务分析：张明是某高校教务处长，他办公室的计算机可通过学校所建的园区网（即校园网）连入互联网；采用这种方法很简单，只要将计算机通过网线与办公室墙壁上的网口相连，然后设置 IP 即可连入互联网。

操作提示：

（1）将计算机通过网线连入园区网，即通过网线将计算机与园区网的接口相连。

（2）设置 IP 地址：

① 右击图 6-1 中的【本地连接】图标，在弹出的快捷菜单中选择【属性】命令，弹出【本地连接属性】对话框，如图 6-5 所示。

② 双击“Internet 协议版本 4（TCP/IPv4）”选项，弹出【Internet 协议版本 4（TCP/IPv4）属性】对话框，

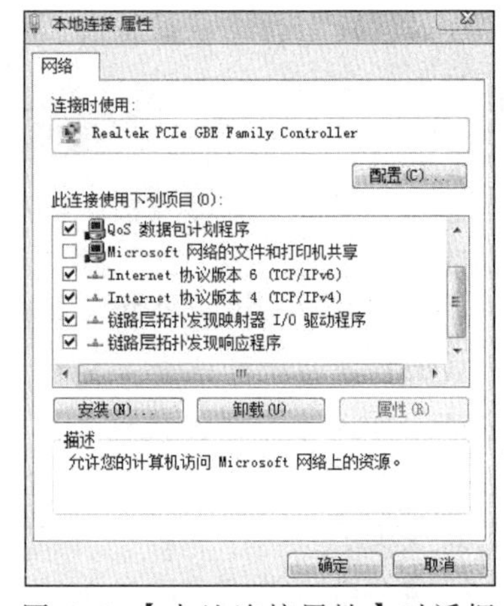

图 6-5 【本地连接属性】对话框

如图 6-6 所示。

③ 选中【使用下面的 IP 地址】与【使用下面的 DNS 服务器地址】单选按钮，对 IP 地址、子网掩码、默认网关以及首选和备用 DNS 服务器进行配置，配置完后单击【确定】按钮即可，如图 6-7 所示。

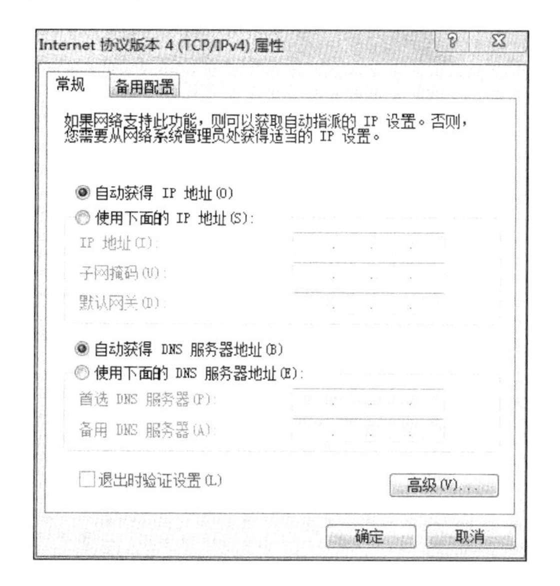

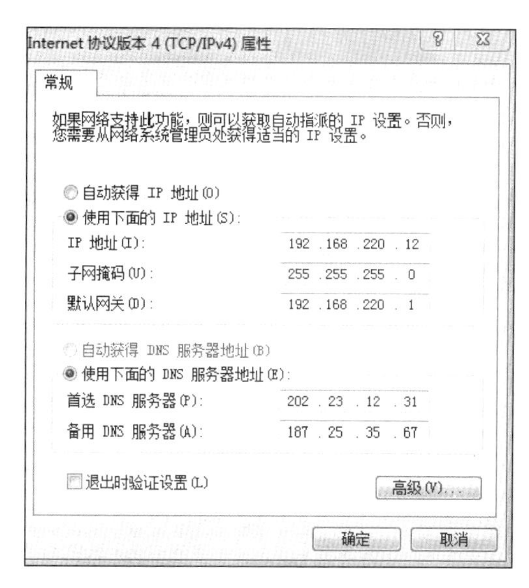

图 6-6 【Internet 协议版本 4（TCP/IPv4）属性】对话框　　图 6-7　配置 IP 地址

④ 若你所在的园区网采用动态地址分配，则只需在图 6-7 中选择【自动获得 IP 地址】和【自动获得 DNS 服务器地址】单选按钮，然后单击【确定】按钮即可。

【任务 3】　由 WLAN 接入互联网

任务分析：通过无线局域网（Wireless Local Area Networks，WLAN）可以使不同种设备（如计算机、手机以及 iPad 等）在没有网线的情况下自由连入到互联网，它有一个行业标准就是我们所熟知的 Wi-Fi。因此，构建一个无线局域网，然后通过其连入互联网已经是在一个小范围（如办公室、饭店等）内连网的首选。现有小王需为其饭店设计一个 WLAN 供来其饭店就餐的顾客免费使用 Wi-Fi。

操作提示：

（1）从市面上购买一个无线路由器，无线路由器的样式如图 6-8 和图 6-9 所示。

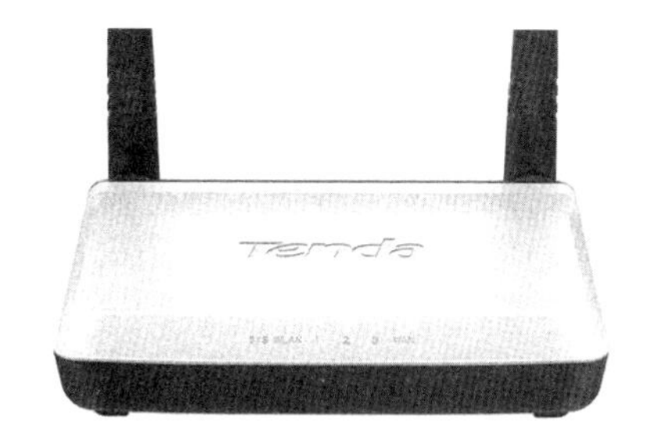

图 6-8　无线路由器外观

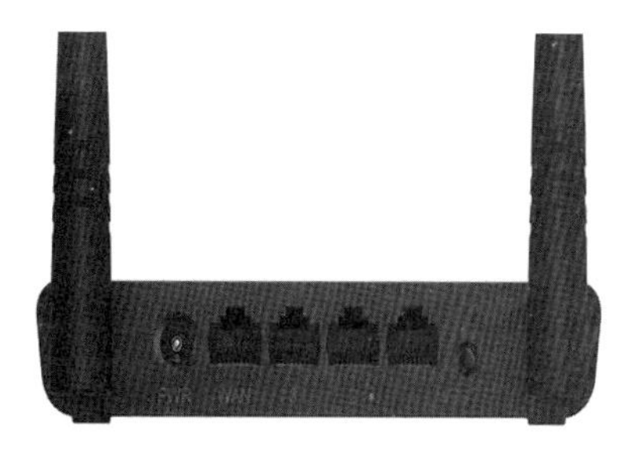

图 6-9　无线路由器插槽

（2）将网线一端插入外网的接口，一端插入图 6-9 中的 WAN 口，并启动无线路由器。

（3）右击图 6-1 中的【无线网络连接】图标，在弹出的快捷菜单中选择【启用】→【连接/断开】命令，弹出图 6-10 所示的无线连接窗口。

（4）右击 Wi-Fi 的名称（默认名称和路由器品牌名称相近），单击【连接】按钮，当连接成功后，说明计算机已经成功加入到由无线路由器组织的无线局域网。

（5）打开浏览器，在地址栏中输入管理 IP:192.168.0.1（有的路由器为 192.168.1.1 或 tplogin.cn 等），该 IP 可以从路由器的背面获得。按【Enter】键打开路由器管理界面，如图 6-11 所示。

图 6-10 “无线连接”对话框

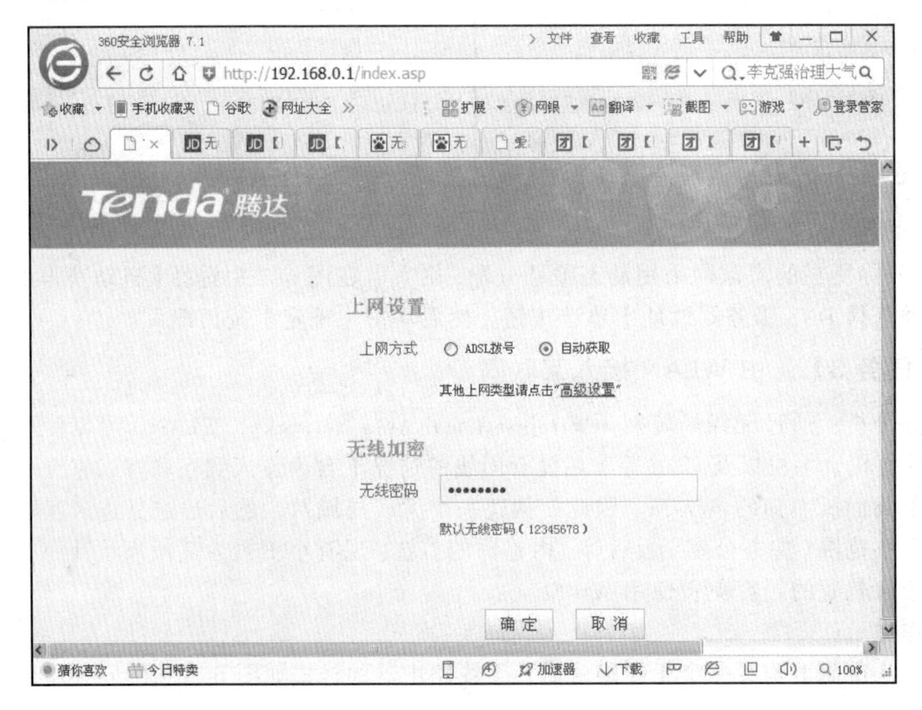

图 6-11 无线路由器管理界面

（6）在图 6-11 中设置无线密码和上网方式，上网方式如果是宽带连接，则选择【ADSL 拨号】单选按钮。然后在图 6-12 中输入宽带账号和密码，单击【确定】按钮后进入无线路由器设置总界面，如图 6-13 所示。此时若无特殊设置，即可关闭浏览器，完成路由器配置，即已经成功连入互联网。

（7）如若需要进一步对路由器设置，可在图 6-13 中选择不同的选项卡完成其设置工作。

360安全浏览器 7.1

http://192.168.0.1/index.asp

收藏 手机收藏夹 谷歌 网址大全 游戏中心 邮箱 翻译 中国银行 扩展 网银

首页

Tenda 腾达

上网设置

上网方式 ADSL拨号 自动获取

宽带用户名 请输入宽带运营商提供的账号

宽带密码 请输入宽带运营商提供的密码

其他上网类型请点击"高级设置"

无线加密

无线密码 ●●●●●●●●●

默认无线密码（12345678）

确 定　取 消

图 6-12　无线路由器宽带设置界面

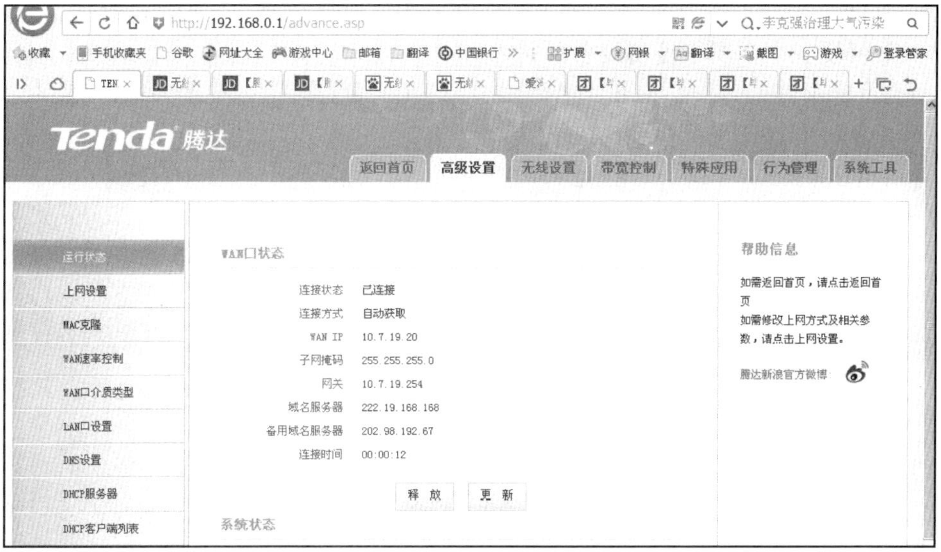

http://192.168.0.1/advance.asp

李克强治理大气污染

收藏 手机收藏夹 谷歌 网址大全 游戏中心 邮箱 翻译 中国银行 扩展 网银 翻译 截图 游戏 登录管家

Tenda 腾达

返回首页 高级设置 无线设置 带宽控制 特殊应用 行为管理 系统工具

运行状态

上网设置

MAC克隆

WAN速率控制

WAN口介质类型

LAN口设置

DNS设置

DHCP服务器

DHCP客户端列表

WAN口状态

连接状态 已连接

连接方式 自动获取

WAN IP 10.7.19.20

子网掩码 255.255.255.0

网关 10.7.19.254

域名服务器 222.19.168.168

备用域名服务器 202.98.192.67

连接时间 00:00:12

释 放　更 新

系统状态

帮助信息

如需返回首页，请点击返回首页

如需修改上网方式及相关参数，请点击上网设置。

腾达新浪官方微博

图 6-13　无线路由器设置总界面

第7章　综合复习题库

1．单选题

（1）完整的计算机系统的组成是　（　　）

A．运算器、控制器、存储器、输入设备和输出设备

B．主机和外围设备

C．硬件系统和软件系统

D．主机箱、显示器、键盘、鼠标、打印机

（2）以下软件中，不是操作系统的软件是　（　　）

A．Windows 10　B．UNIX

C．Linux　D．Microsoft Office

（3）用1字节最多能编出多少种不同的码　（　　）

A．8个　B．16个　C．128个　D．256个

（4）任何程序要被CPU执行，都必须先要加载到　（　　）

A．磁盘　B．硬盘　C．内存　D．外存

（5）下列设备中，属于输出设备的是　（　　）

A．显示器　B．键盘　C．鼠标　D．写字板

（6）计算机信息计量单位中的K代表　（　　）

A．10^2　B．2^{10}　C．10^3　D．2^8

（7）RAM代表的是　（　　）

A．只读存储器　B．高速缓存器

C．随机存储器　D．软盘存储器

（8）在描述信息传输中bit/s表示的是　（　　）

A．每秒传输的字节数　B．每秒传输的指令数

C．每秒传输的字数　D．每秒传输的位数

（9）微型计算机的内存容量主要指　（　　）

A．RAM的容量　B．ROM的容量

C．CMOS的容量　D．Cache

（10）十进制数27对应的二进制数为　（　　）

A．1011　B．1100　C．10111　D．11011

（11）Windows的目录结构采用的是　（　　）

A．树形结构　B．线形结构

C. 层次结构　　D. 网状结构

（12）将回收站中的文件还原时，被还原的文件将回到　（　　）

A. 桌面上　　B.【我的文档】中

C. 内存中　　D. 被删除的位置

（13）在 Windows 窗口菜单中，若某命令项后面有向右的黑三角，则表示　（　　）

A. 有下级子菜单　　B. 单击可直接执行

C. 双击可直接执行　　D. 右击可直接执行

（14）计算机的三类总线中，不包括　（　　）

A. 控制总线　　B. 地址总线

C. 传输总线　　D. 数据总线

（15）汉字的拼音输入码属于汉字的　（　　）

A. 外码　　B. 内码

C. ASCII 码　　D. 标准码

（16）Windows 的剪贴板是用于临时存放信息的　（　　）

A. 一个窗口　　B. 一个文件夹

C. 一块内存区间　　D. 一块磁盘区间

（17）对处于还原状态的 Windows 应用程序窗口，不能实现的操作是　（　　）

A. 最小化　　B. 最大化　　C. 移动　　D. 旋转

（18）在计算机上插 U 盘的接口标准通常是　（　　）

A. UPS　　B. USP　　C. UBS　　D. USB

（19）新建文档时，Word 默认的字体和字号分别是　（　　）

A. 黑体、3 号　　B. 楷体、4 号

C. 宋体、5 号　　D. 仿宋、6 号

（20）第一次保存 Word 文档时，系统弹出的对话框是　（　　）

A. 保存　　B. 另存为　　C. 新建　　D. 关闭

（21）在 Word 表格中，位于第三行第四列的单元格名称是　（　　）

A. 3：4　　B. 4：3　　C. D3　　D. C4

（22）Word 编辑文档时，所见即所得的视图是　（　　）

A. 普通视图　　B. 页面视图

C. 大纲视图　　D. Web 视图

（23）新建的 Excel 工作簿默认工作表的张数是　（　　）

A. 2　　B. 3　　C. 4　　D. 5

（24）在 Excel 工作表中某列数据出现########，这是由于　（　　）

A. 单元格宽度不够　　B. 计算数据出错

C. 计算机公式出错　　D. 数据格式出错

（25）若在 Excel 的同一单元格中输入两个段落的数据，则在第一段落输完后应按　（　　）

A.【Enter】　　B.【Ctrl+Enter】

C.【Alt+Enter】　　D.【Shift+Enter】

（26）算法的基本结构中不包括　（　　）

A. 逻辑结构　B. 选择结构

C. 循环结构　D. 顺序结构

（27）一般认为，世界上第一台电子数字计算机诞生于　（　　）

A. 1946 年　B. 1952 年　C. 1959 年　D. 1962 年

（28）可被计算机直接执行的程序语言是　（　　）

A. 机器语言　B. 汇编语言　C. 高级语言　D. 网络语言

（29）在 Internet 中，组成 IP 地址的二进制数位是　（　　）

A. 8　B. 16　C. 32　D. 64

（30）在 IE 地址栏中输入“http://www.cqu.edu.cn/”，则 http 代表的是　（　　）

A. 协议　B. 主机　C. 地址　D. 资源

（31）在 Internet 上用于收发电子邮件的协议是　（　　）

A. TCP/IP　B. IPX/SPX

C. POP3/SMTP　D. NetBEUI

（32）在 Internet 上广泛使用的 WWW 是一种　（　　）

A. 浏览器服务器模式　B. 网络主机

C. 网络服务器　D. 网络模式

（33）扩展名为.mov 的文件通常是一个　（　　）

A. 音频文件　B. 视频文件

C. 图片文件　D. 文本文件

（34）从本质上讲，计算机病毒是一种　（　　）

A. 细菌　B. 文本　C. 程序　D. 微生物

（35）世界上首次提出存储程序计算机体系结构的是　（　　）

A. 莫奇莱　B. 艾仑·图灵

C. 乔治·布尔　D. 冯·诺依曼

（36）世界上第一台电子数字计算机采用的主要逻辑部件是　（　　）

A. 电子管　B. 晶体管

C. 继电器　D. 光电管

（37）一个完整的计算机系统应包括　（　　）

A. 系统硬件和系统软件　B. 硬件系统和软件系统

C. 主机和外围设备　D. 主机、键盘、显示器和辅助存储器

（38）微处理器处理的数据基本单位为字。一个字的长度通常是　（　　）

A. 16 个二进制位　B. 32 个二进制位

C. 64 个二进制位　D. 与微处理器芯片型号有关

（39）微型计算机中，运算器的主要功能是进行　（　　）

A. 逻辑运算　B. 算术运算

C. 算术运算和逻辑运算　D. 复杂方程的求解

（40）下列存储器中，存取速度最快的是　（　　）

A. U 盘存储器　B. 硬磁盘存储器

C. 光盘存储器　D. 内存储器

(41) 下列打印机中，打印效果最佳的一种是　(　　)

A. 点阵打印机　B. 激光打印机

C. 热敏打印机　D. 喷墨打印机

(42) 下列因素中，对微型计算机工作影响最小的是　(　　)

A. 温度　B. 湿度　C. 磁场　D. 噪声

(43) CPU 不能直接访问的存储器是　(　　)

A. ROM　B. RAM　C. Cache　D. CD-ROM

(44) 微型计算机中，控制器的基本功能是　(　　)

A. 存储各种控制信息　B. 传输各种控制信号

C. 产生各种控制信息　D. 控制系统各部件正确地执行程序

(45) 下列叙述中，属 RAM 特点的是　(　　)

A. 可随机读/写数据，且断电后数据不会丢失

B. 可随机读/写数据，断电后数据将全部丢失

C. 只能顺序读/写数据，断电后数据将部分丢失

D. 只能顺序读/写数据，且断电后数据将全部丢失

(46) 在微型计算机中，运算器和控制器合称为　(　　)

A. 逻辑部件　B. 算术运算部件

C. 微处理器　D. 算术和逻辑部件

(47) 在微型计算机中，ROM 是　(　　)

A. 顺序读/写存储器　B. 随机读/写存储器

C. 只读存储器　D. 高速缓冲存储器

(48) 计算机网络最突出的优势是　(　　)

A. 信息流通　B. 数据传送

C. 资源共享　D. 降低费用

(49) E-mail 是指　(　　)

A. 利用计算机网络及时地向特定对象传送文字、声音或图像的一种通信方式

B. 电报、电话、电传等通信方式

C. 无线和有线的总称

D. 报文的传送

(50) 计算机内部信息的表示及存储采用二进制形式，其最主要原因是　(　　)

A. 计算方式简单　B. 表示形式单一

C. 避免与十进制相混淆　D. 与逻辑电路硬件相适应

(51) 下列设备中，属于输入设备的是　(　　)

A. 声音合成器　B. 激光打印机

C. 光笔　D. 显示器

(52) 下列存储器中，断电后信息将会丢失的是　(　　)

A. ROM　B. RAM

C. CD-ROM　D. 磁盘存储器

（53）32位微机中的32是指该微机 （ ）

A. 能同时处理32位二进制数　　B. 能同时处理32位十进制数

C. 具有32根地址总线　　D. 运算精度可达小数点后32位

（54）微型计算机中普遍使用的字符编码是 （ ）

A. BCD码　　B. 拼音码

C. 补码　　D. ASCII码

（55）下列描述中，正确的是 （ ）

A. 1 KB = 1 024 × 1 024 B　　B. 1 MB = 1 024 × 1 024 B

C. 1 KB = 1 024 MB　　D. 1 MB = 1 024 B

（56）下列英文中，可以作为计算机中数据单位的是 （ ）

A. bit　　B. Byte

C. bout　　D. band

（57）发现微型计算机染有病毒后，较为彻底的清除方法是 （ ）

A. 用查毒软件处理　　B. 用杀毒软件处理

C. 删除磁盘文件　　D. 重新格式化磁盘

（58）微型计算机采用总线结构连接CPU、内存储器和外围设备，总线包括 （ ）

A. 数据总线、传输总线和通信总线

B. 地址总线、逻辑总线和信号总线

C. 控制总线、地址总线和运算总线

D. 数据总线、地址总线和控制总线

（59）操作系统的功能是 （ ）

A. 处理机管理、存储器管理、设备管理、文件管理

B. 运算器管理、控制器管理、打印机管理、磁盘管理

C. 硬盘管理、软盘管理、存储器管理、文件管理

D. 程序管理、文件管理、编译管理、设备管理

（60）在微机中，LCD的含义是 （ ）

A. 微机型号　　B. 键盘型号

C. 显示标准　　D. 显示器型号

（61）目前，微型计算机中广泛采用的电子元器件是 （ ）

A. 电子管　　B. 晶体管

C. 小规模集成电路　　D. 大规模和超大规模集成电路

（62）早期的计算机体积大、耗电多、速度慢，其主要原因是制约于 （ ）

A. 原材料

B. 工艺水平

C. 设计水平

D. 元器件——电子管，其体积大、耗电多

（63）计算机可分为数字计算机、模拟计算机和数/模混合计算机，这种分类是依据 （ ）

A. 功能和用途　　B. 处理数据的方式

C. 性能和规律　　D. 使用范围

(64) 个人计算机简称 PC，这种计算机属于　(　　)

A. 微型计算机　　B. 小型计算机

C. 超级计算机　　D. 巨型计算机

(65) 计算机的主要特点是　(　　)

A. 运算速度快、存储容量大、性能价格比低

B. 运算速度快、性能价格比低、程序控制

C. 运算速度快、自动控制、可靠性高

D. 性能价格比低、功能全、体积小

(66) 以下不属于电子数字计算机特点的是　(　　)

A. 通用性强　　B. 体积庞大

C. 计算精度高　　D. 运算快速

(67) 现代计算机之所以能够自动、连续地进行数据处理，主要是因为　(　　)

A. 采用了开关电路　　B. 采用了半导体器件

C. 采用了二进制　　D. 具有存储程序的功能

(68) 解决著名的汉诺 (Hanoi) 塔问题的方法是　(　　)

A. 递归法　　B. 迭代法　　C. 穷举法　　D. 查找法

(69) 使用计算机进行数值运算，可达到几百万分之一的精确度。该描述说明计算机具有　(　　)

A. 自动控制能力　　B. 高速运算能力

C. 很高的计算精度　　D. 记忆能力

(70)“计算机能进行逻辑判断并根据判断的结果来选择相应的处理。”该描述说明计算机具有　(　　)

A. 自动控制能力　　B. 逻辑判断能力

C. 记忆能力　　D. 高速运算能力

(71) 计算机的通用性使其可以求解不同的算术和逻辑问题，这主要取决于　(　　)

A. 可编程性 (指通过编写程序来求解算术和逻辑问题)

B. 指令系统

C. 高速运算

D. 存储功能

(72) 当前计算机的应用领域极为广泛，但其应用最早的领域是　(　　)

A. 数据处理　　B. 科学计算

C. 人工智能　　D. 过程控制

(73) 办公自动化是计算机的一大应用领域，按计算机应用分类，它属于　(　　)

A. 科学计算　　B. 辅助设计

C. 实时控制　　D. 数据处理

(74) 计算机能进行自动控制，如生产过程化、过程仿真等。这属于　(　　)

A. 数据处理　　B. 自动控制

C. 科学计算　　D. 人工智能

（75）计算机辅助设计的英文缩写是 （ ）
A. CAD（Computer Aided Design）
B. CAI（Computer Aided Instruction）
C. CAM（Computer Aided Manufacturing）
D. CAL

（76）利用计算机模仿人的高级思维活动，如智能机器人、专家系统等，被称为 （ ）
A. 科学计算 B. 数据处理
C. 人工智能 D. 自动控制

（77）计算机连网的目标是实现 （ ）
A. 数据处理 B. 文献检索
C. 资源共享和信息传输 D. 信息传输

（78）在计算机内部，数据加工、处理、存储和传送的形式是 （ ）
A. 十六进制码 B. 八进制码
C. 十进制码 D. 二进制码

（79）下列 4 组数依次为二进制、八进制和十六进制，符合要求的是 （ ）
A. 11，78，19 B. 12，77，10
C. 11，77，1E D. 12，80，10

（80）在下列一组数中，数值最小的是 （ ）
A. $(1789)_{10}$ B. $(1FF)_{16}$
C. $(10100001)_2$ D. $(227)_8$

（81）7 位二进制编码的 ASCII 码可表示的字符个数为 （ ）
A. 127 B. 255 C. 128 D. 256

（82）一个字符的 ASCII 编码，占用二进制数的位数为 （ ）
A. 8 B. 7 C. 6 D. 4

（83）在 ASCII 码表中，数字、小写英文字母和大写英文字母的编码次序（从小到大）是 （ ）
A. 数字、小写英文字母、大写英文字母
B. 小写英文字母、大写英文字母、数字
C. 大写英文字母、小写英文字母、数字
D. 数字、大写英文字母、小写英文字母

（84）在下列字符中，其 ASCII 码值最大的一个是 （ ）
A. 8 B. H C. a D. h

（85）1 个汉字的国标码占用存储字节是 （ ）
A. 1 个 B. 2 个 C. 4 个 D. 8 个

（86）存储 1 个汉字的内码所需的字节数是 （ ）
A. 1 个 B. 2 个 C. 4 个 D. 8 个

（87）以下说法中，不正确的是 （ ）
A. 英文字符 ASCII 编码唯一

B. 汉字编码唯一
C. 汉字的内码（又称汉字机内码）唯一
D. 汉字的输入码唯一

（88）在计算机中，信息的最小单位是①；存储器的存储容量基本单位是② （ ）
A. ①位，②字节　　B. ①字节，②位
C. ①字节，②字长　　D. ①字长，②字节

（89）1GB等于 （ ）
A. 1 000×1 000 B　　B. 1 000×1 000×1 000 B
C. 3×1 024 B　　D. 1 024×1 024×1 024 B

（90）如果一个内存单元为1 B，则16 KB存储器共有内存单元个数为 （ ）
A. 16 000　　B. 16 384
C. 131 072　　D. 10 000

（91）通常所说的“裸机”是指计算机仅有 （ ）
A. 软件　　B. 硬件系统
C. 指令系统　　D. CPU

（92）组成计算机指令的两部分是 （ ）
A. 数据和字符　　B. 运算符和运算结果
C. 运算符和运算数　　D. 操作码和地址码

（93）一台计算机全部指令的集合，通常称为 （ ）
A. 指令系统　　B. 指令集合
C. 指令群　　D. 以上都不正确

（94）计算机的软件系统可分为两大类 （ ）
A. 程序和数据　　B. 操作系统和语言处理系统
C. 程序、数据和文档　　D. 系统软件和应用软件

（95）下列软件中，属于系统软件的是 （ ）
A. 用C语言编写的求解一元二次方程的程序
B. 工资管理软件
C. 用汇编语言编写的一个练习程序
D. Windows操作系统

（96）下列软件中属于应用软件的是 （ ）
A. 数据库管理系统　　B. DOS
C. Windows 7　　D. PowerPoint 2010

（97）上课用的计算机辅助教学的软件CAI是 （ ）
A. 操作系统　　B. 系统软件
C. 应用软件　　D. 文字处理软件

（98）下列各组软件中，全部属于应用软件的是 （ ）
A. 程序语言处理程序、操作系统、数据库管理系统
B. 文字处理程序、编辑程序、UNIX操作系统
C. Word 2010、Photoshop 、Windows 7

D. 财务处理软件、金融软件、WPS、Office

(99) 两个软件都是系统软件的是 ( )

A. Windows 和 MIS　　B. Word 和 UNIX

C. Windows 和 UNIX　　D. UNIX 和 Excel

(100) 对算法描述正确的是 ( )

A. 算法是解决问题的有序步骤

B. 一个问题对应的算法都只有一种

C. 一算法必须在计算机上用某种语言实现

D. 常见的算法描述方法只能用自然语言法或流程图法

(101) 输出设备的任务是将信息传送到计算机之外的 ( )

A. 光盘　　B. 文档　　C. 介质　　D. 电缆

(102) 下列设备中，既能向主机输入数据又能接收主机输出数据的是 ( )

A. CD-ROM　　B. 光笔　　C. 磁盘　　D. 触摸屏

(103) 在微型计算机中，微处理器芯片上集成的是 ( )

A. 控制器和存储器　　B. 控制器和运算器

C. CPU 和控制器　　D. 运算器和 I/O 接口

(104) Cache 的中文译名是 ( )

A. 缓冲器

B. 高速缓冲存储器（该存储器位于 CPU 和内存之间）

C. 只读存储器

D. 可编程只读存储器

(105) 用户所用的内存储器容量通常是指 ( )

A. ROM 的容量　　B. RAM 的容量

C. ROM 的容量+RAM 的容量　　D. 硬盘的容量

(106) 关于内存与硬盘的区别，错误的说法是 ( )

A. 内存与硬盘都是存储设备

B. 内存的容量小，硬盘的容量相对大

C. 内存的存取速度快，硬盘的速度相对慢

D. 断电后，内存和硬盘中的信息都能保留着

(107) 算法与程序的关系正确的是 ( )

A. 算法是对程序的描述

B. 算法与程序之间无关系

C. 程序决定算法，是算法设计的核心

D. 算法决定程序，是程序设计的核心

(108) 下列有关外存储器的描述中，不正确的是 ( )

A. 外存储器不能被 CPU 直接访问

B. 外存储器既是输入设备，又是输出设备

C. 外存储器中所存储的信息，断电后信息也会随之丢失

D. 扇区是磁盘存储信息的一个分区

（109）固定在计算机主机箱体上、连接计算机各种部件、起桥梁作用的是（ ）

A. CPU B. 主板 C. 外存 D. 内存

（110）微型计算机与外围设备之间的信息传输方式有（ ）

A. 仅串行方式 B. 连接方式

C. 串行方式或并行方式 D. 仅并行方式

（111）在计算机系统中，实现主机与外围设备之间的信息交换的关键部件是

（ ）

A. 总线插槽 B. 电缆 C. 电源 D. 接口

（112）一种用来输入图片资料的独立的设备与计算机连接，称为（ ）

A. 绘图仪 B. 扫描仪

C. 打印机 D. 投影仪

（113）用CGA、EGA和VGA三种性能标准来描述的设备是（ ）

A. 打印机 B. 显卡

C. 磁盘驱动器 D. 总线

（114）下列设备组中，完全属于外围设备的一组是（ ）

A. 光盘驱动器、CPU、键盘、显示器

B. 内存储器、光盘驱动器、扫描仪、显示器

C. 激光打印机、键盘、光盘驱动器、鼠标

D. 打印机、CPU、内存储器、硬盘

（115）在微机的配置中常看到“P 4\2.4 G”字样，其中数字“2.4 G”表示（ ）

A. 处理器的运算速度是2.4

B. 处理器的时钟频率（也称主频）是2.4 GHz

C. 处理器是Pentium 4第2.4版本

D. 处理器与内存间的数据交换速率

（116）计算机的字长是指（ ）

A. 内存存储单元的位数

B. CPU一次可以处理的二进制数的位数

C. 地址总线的位数

D. 外设接口数据线的位数

（117）计算机的技术指标有多种，决定计算机性能的主要指标是（ ）

A. 语言、外设和速度 B. 主频、字长和内存容量

C. 外设、内存容量和体积 D. 软件、速度和重量

（118）在Word中，用来粘贴文本的组合键是（ ）

A.【Ctrl+V】 B.【Alt+V】

C.【Alt+C】 D.【Ctrl+C】

（119）在Word中，如果要将段落第一行进行缩进，应执行的命令是（ ）

A. 首行缩进 B. 悬挂缩进

C. 左缩进 D. 右缩进

（120）在Word中，域信息由域的代码符号和字符两种形式显示，执行什么命令可以

进行相互转换 （ ）

A. 更新域 B. 切换域代码

C. 编辑域 D. 插入域

（121）在 Word 文档中，对文本对象插入超链接时，其显示形式是带有文本的 （ ）

A. 蓝色下画线 B. 紫色下画线

C. 黑色下画线 D. 褐色下画线

（122）Excel 电子表格应用程序广泛应用于 （ ）

A. 统计分析、财务管理分析、股票分析和经济、行政管理等各个方面

B. 工业设计、机械制造、建筑工程等各个方面

C. 美术设计、装潢、图片制作等各个方面

D. 多媒体制作

（123）在 Excel 中，工作表的最基本组成部分是 （ ）

A. 单元格 B. 文字 C. 数字 D. 工作表标签

（124）单击 PowerPoint 窗口右上角的【 - 】按钮，界面窗口以哪种形式显示 （ ）

A. 最小化 B. 最大化 C. 还原 D. 关闭

（125）在 PowerPoint 中，选中图片后，复制图片应先按住键盘中的快捷键是 （ ）

A.【Shift】 B.【Ctrl】

C.【Shift + Ctrl】 D.【Alt】

（126）若要更改幻灯片中的编号，需要进入哪一个对话框设置 （ ）

A.【字体】 B.【页眉和页脚】

C.【页面设置】 D.【项目符号和编号】

（127）以下关于算法叙述正确的是 （ ）

A. 算法是计算机特有的专门解决一个具体问题的步骤、方法

B. 一个算法可以无止境地运算下去

C. 求解同一个问题的算法只有一个

D. 解决同一个问题，采用不同算法的效率不同

（128）在 Word 中，当鼠标指针变成“铅笔”形状时，在表格内部沿水平或垂直方向拖动鼠标，可为表格 （ ）

A. 擦除行或列 B. 选择行或列

C. 添加行或列 D. 移动行或列

（129）在 Word 中，将鼠标指针置于表格上方，待鼠标指针变成一个向下的黑箭头时，单击可选取 （ ）

A. 整行 B. 整列 C. 整个表格 D. 其他

（130）在 Word 中，按哪个快捷键，插入的域会变为域代码效果 （ ）

A.【Alt+A】 B.【Alt+F9】

C.【Ctrl+A】 D.【Ctrl+F9】

（131）在 Excel 工作表中，表示列 B 上行 5 到行 10 之间单元格区域的方法为　（　　）

A. B5:B10　　B. B5:10　　C. B5$B10　　D. B$5-B$10

（132）计算机求高次方程的根通常采用的方法是　（　　）

A. 穷举法　　B. 迭代法　　C. 查找法　　D. 递归

（133）对打开的一个已有的 Excel 工作簿进行编辑修改后，选择什么命令，既可保留修改前的文档，又可得到修改后的文档　（　　）

A.【文件】→【保存】　　B.【文件】→【全部保存】

C.【文件】→【另存为】　　D.【文件】→【关闭】

（134）在 Excel 工作簿中，有关移动和复制工作表的说法正确的是　（　　）

A. 工作表只能在所在工作簿内移动，不能复制

B. 工作表只能在所在工作簿内复制，不能移动

C. 工作表可以移动到其他工作簿内，不能复制到其他工作簿内

D. 工作表可以移动到其他工作簿内，也可复制到其他工作簿内

（135）为影片添加效果后，影片的内容是否会发生变化　（　　）

A. 会　　B. 不会　　C. 可能会　　D. 不知道会不会

（136）PowerPoint 演示文稿以什么为基本单位组成　（　　）

A. 幻灯片　　B. 工作表　　C. 文档　　D. 图片

（137）在幻灯片放映中显示绘图笔的快捷键是　（　　）

A.【Ctrl + P】　　B.【Ctrl + A】　　C.【Ctrl + S】　　D.【Ctrl + Q】

（138）在 Word 中，标尺分水平标尺和垂直标尺两种，分别位于文本编辑区的　（　　）

A. 上和左　　B. 上和下　　C. 左和右　　D. 左和下

（139）在 Office 相应程序中，如果出现误操作，应使用什么快捷键进行撤销（　　）

A.【Alt+A】　　B.【Ctrl+F4】

C.【Ctrl+A】　　D.【Ctrl+Z】

（140）在启动 Excel 应用程序后，会自动产生一个空白工作簿，其名称是　（　　）

A. 工作簿 1　　B. Sheet1　　C. Doc1　　D. 文档 1

（141）在 Excel 中进行文本的输入时，循环切换输入法的快捷键是　（　　）

A.【Alt+ Shift】　　B.【Ctrl+Space】

C.【Shift+Space】　　D.【Ctrl+Shift】

（142）在 PowerPoint 中，关于绘图笔的笔迹，下列说法中正确的是　（　　）

A. 它会永远保留在演示文稿中

B. 它不能擦除笔迹

C. 它不能保留在文档中

D. 它既可以保留在文档中，也可以不保留在文档中

（143）在 PowerPoint 中，【新建】命令的快捷键是　（　　）

A.【Ctrl + O】　　B.【Ctrl + C】

C.【Ctrl + M】　　D.【Ctrl + N】

（144）在 PowerPoint 中新插入的幻灯片会出现在（ ）

A. 所有幻灯片的最上方　　B. 所有幻灯片的最下方

C. 所选幻灯片的上方　　D. 所选幻灯片的下方

（145）在 PowerPoint 中，若要删除光标右侧的字符，需要按键盘中的键是（ ）

A.【Delete】　　B.【Backspace】

C.【Tab】　　D.【Ctrl】

（146）在 Word 中，利用哪个工具可以绘制一些简单的图形，如直线、圆、星形，以及由这些图形组合而成的较为复杂的图形（ ）

A. 剪贴画　　B. 组织结构图

C. 自选图形　　D. 图表

（147）在 Excel 中绘制直线或箭头时，按住哪个键移动鼠标，可在从线条起始点开始，以 45° 角为移动单位在各个方向上绘制直线（ ）

A.【Ctrl】　B.【Shift】　C.【Alt】　D.【Esc】

（148）将 Excel 工作簿设置为共享工作簿后，要放在哪个位置，才能供其他用户使用（ ）

A. 局域网络上　　B. Web 服务器上

C. 本地计算机中　　D. 他人计算机中

（149）在 Excel 中，可以插入（ ）

A. 自选图形　B. 艺术字　C. 图片　D. 以上三种

（150）在 Excel 中，如果不想因为选择字体、字形、边框、图案和颜色占用太多的时间，可应用 Excel 提供的命令是（ ）

A.【条件格式】　　B.【自动套用格式】

C.【样式】　　D.【模板】

（151）Word 是一种（ ）

A. 数据库软件　　B. 网页制作软件

C. 文字处理软件　　D. 财务软件

（152）在 Excel 中，包含了整个图表及图表中的全部元素的区域是（ ）

A. 图表区　　B. 绘图区

C. 坐标轴　　D. 数据区

（153）在 Excel 中，按哪个组合键，可以快速关闭当前的工作簿窗口（ ）

A.【Ctrl+F1】　　B.【Ctrl+F2】

C.【Ctrl+F3】　　D.【Ctrl+F4】

（154）在 Excel 工作表中，快捷键【Ctrl+A】的含义是（ ）

A. 选中当前工作表的所有单元格　　B. 弹出帮助菜单

C. 不会出现任何操作　　D. 选中当前单元格

（155）下面编写的程序执行速度最快的语言是（ ）

A. 机器语言　　B. 面向对象的程序设计语言

C. 汇编语言　　D. 高级语言

（156）下面哪种方法不能插入超链接　（　　）

A. 在 Office 2010 中，单击【插入】选项卡中的【超链接】按钮

B. 在 Office 2003 中，单击【常用】工具栏中的【插入超链接】按钮

C. 按【Ctrl + K】组合键

D. 按【Shift + K】组合键

（157）任何一个算法都必须有的基本结构是　（　　）

A. 顺序结构　B. 选择结构　C. 循环结构　D. 三个都要有

（158）在 Word 编辑状态下，格式刷可以复制　（　　）

A. 段落和文字的格式　B. 段落和文字的格式和内容

C. 文字的格式和内容　D. 段落的格式和内容

（159）在 Excel 中，将单元格变为活动单元格的操作是　（　　）

A. 单击该单元格

B. 在当前单元格内输入该目标单元格地址

C. 将鼠标指针指向该单元格

D. 不用操作，因为每个单元格都是活动的

（160）在 Excel 公式复制时，使用相对地址（引用）的好处是　（　　）

A. 单元格地址随新位置有规律变化

B. 单元格地址不随新位置而变化

C. 单元格范围不随新位置而变化

D. 单元格范围随新位置无规律变化

（161）在 Excel 中，将某一单元格内容输入为“星期一”，拖放该单元格填充 6 个连续的单元格，其内容为　（　　）

A. 连续 6 个“星期一”

B. 星期二 星期三 星期四 星期五 星期六 星期日

C. 连续 6 个空白

D. 以上都不对

（162）下列操作中，不是退出 PowerPoint 的操作是　（　　）

A. 选择【文件】→【关闭】命令

B. 选择【文件】→【退出】命令

C. 按【Alt + F4】组合键

D. 双击 PowerPoint 窗口的【控制菜单】图标

（163）幻灯片中占位符的作用是　（　　）

A. 表示文本长度　B. 限制插入对象的数量

C. 表示图形大小　D. 为文本、图形预留位置

（164）利用键盘输入“!”的方法是　（　　）

A. 在键盘上找“!”符号所在键位按一下

B. 直接按一下数字键“1”

C. 先按住【Shift】键不放，再按主键盘的数字键“1”

D. 按一下【Shift】再按一下数字键“1”

（165）在 Word 编辑状态下，要选择某个段落，可在该段落上任意地方对鼠标左键连续进行（　　）

A. 单击　　B. 双击　　C. 三击　　D. 拖动

（166）选定某个文件夹后，执行下列哪个操作可删除该文件夹（　　）

A. 按【Backspace】键

B. 右击→选择【删除】命令

C. 单击命令组中的【剪切】按钮

D. 将该文件属性改为【隐藏】

（167）在 Excel 中，选择生成图表的数据区域 A2:C3 所表示的范围是（　　）

A. A2，C3　　B. A2，B2，C3

C. A2，B2，C2　　D. A2，B2，C2，A3，B3，C3

（168）如果应用程序窗口无法正常关闭，可以按下列选项中某个组合键，在打开的窗口中单击【启动任务管理器】超链接，弹出【Windows 任务管理器】对话框，选择【应用程序】选项卡，单击【结束任务】按钮，以便结束当前运行的任务。（　　）

A.【Ctrl+Alt+Del】　　B.【Ctrl+Enter+Del】

C.【Shift+Alt+Del】　　D.【Ctrl+Alt+Capslock】

（169）在计算机操作中，【粘贴】的快捷键是（　　）

A.【Ctrl+C】　　B.【Ctrl+V】

C.【Ctrl+Z】　　D.【Ctrl+X】

（170）在幻灯片的放映过程中要中断放映，下面哪一个操作可以完成（　　）

A.【Alt+F4】　　B.【Ctrl+X】

C.【Esc】　　D.【End】

（171）在 Word 2010 中，选定了整个表格之后，若要删除整个表格中的内容，以下哪个操作正确（　　）

A. 单击【表格工具-设计】选项卡【绘图边框】组中的【擦除】按钮

B. 按【Delete】键

C. 按【Space】键

D. 按【Esc】键

（172）Word 中对文档分栏后，若要使栏尾平衡，可在最后一栏的栏尾插入（　　）

A. 换行符　　B. 分栏符

C. 连续分节符　　D. 分页符

（173）下列删除 Excel 中单元格的方法，正确的是（　　）

A. 选中要删除的单元格，按【Del】键

B. 选中要删除的单元格，单击【剪切】按钮

C. 选中要删除的单元格，按【Shift+Del】键

D. 选中要删除的单元格，使用右键快捷菜单中的【删除】命令

（174）在 Excel 中，工作簿一般是由下列哪一项组成（　　）

A. 单元格　　B. 文字　　C. 工作表　　D. 单元格区域

（175）把文本从一个地方复制到另一个地方的顺序是：①单击【复制】按钮；②选定文本；

③将光标置于目标位置；④单击【粘贴】按钮。请选择一组正确的操作步骤　（　　）

A. ①②③④　B. ①③②④

C. ②①③④　D. ②③①④

（176）在 Word 中，若需要在文档页面底端插入注释，应该插入以下哪种注释　（　　）

A. 脚注　B. 尾注　C. 批注　D. 题注

（177）如果 Excel 某单元格显示为#DIV/0!，这表示　（　　）

A. 除数为零　B. 格式错误

C. 行高不够　D. 列宽不够

（178）在 Sheet1 的 C1 单元格中输入公式“=Sheet2!A1+B1”，则表示将 Sheet2 中 A1 单元格数据与　（　　）

A. Sheet1 中 B1 单元格的数据相加，结果放在 Sheet1 的 C1 单元格中

B. Sheet1 中 B1 单元格的数据相加，结果放在 Sheet2 的 C1 单元格中

C. Sheet2 中 B1 单元格的数据相加，结果放在 Sheet1 的 C1 单元格中

D. Sheet2 中 B1 单元格的数据相加，结果放在 Sheet2 的 C1 单元格中

（179）在 Excel 某单元格中输入公式为“=IF('学生'>'学生会',True,False)”，其计算结果为　（　　）

A. TRUE　B. FALSE　C. 学生　D. 学生会

（180）在 Excel 中，要将光标直接定位到 A1 单元格，可以按　（　　）

A.【Ctrl+Home】　B.【Home】

C.【Shift+Home】　D.【PgUp】

（181）在 Office 2010 各组件文档中，应用快捷键【Ctrl+B】后，字体发生什么变化　（　　）

A. 上标　B. 底线　C. 斜体　D. 加粗

（182）在 Office 2010 各组件文档中，可以打开【自动更正】对话框的操作方法是　（　　）

A.【文件】→【选项】→【校对】

B.【文件】→【选项】→【自定义功能区】

C. 右击后直接选择【自动更正】命令

D. 从【插入】选项卡中选择【自动更正】

（183）如何用“gzgc”四个英文字母输入来代替“贵州工程应用技术学院”汉字的输入　（　　）

A. 用智能全拼输入就能实现　B. 用【拼写与语法】功能

C. 用【自动更正】功能　D. 用程序实现

（184）在 Word 中，设置标题与正文之间距离的常用方法为　（　　）

A. 在标题与正文之间插入换行符　B. 设置段间距

C. 设置行距　D. 设置字符间距

（185）在 Excel 某一单元格中输入数据为 1.678E+05，它与下面哪个选项的值相等　（　　）

A. 1.67805　　B. 1.6785　　C. 6.678　　D. 167800

（186）在 Excel 中有一个数据非常多的成绩表，从第二页到最后均不能看到每页最上面的行表头，应如何解决　（　）

A. 设置打印区域　　B. 设置打印标题行

C. 设置打印标题列　　D. 无法实现

（187）在 Windows 7 中，家长可以控制什么时间允许孩子的账户登录。以下哪项最准确描述在哪儿配置这些选项　（　）

A. 无法选择这个功能，除非连接到域

B. 从开始菜单→选择控制面板→用户账户和家庭安全，设置家长控制，并选择时间控制

C. 在开始菜单→控制面板→用户配置文件，然后设置时间控制

D. 设置一个家庭组并选择离线时间

（188）在 Windows 7 操作系统中，将打开窗口拖动到屏幕顶端，窗口会　（　）

A. 关闭　　B. 消失　　C. 最大化　　D. 最小化

（189）在 Windows 7 操作系统中，显示桌面的快捷键是　（　）

A.【Win+D】　　B.【Win+P】

C.【Win+Tab】　　D.【Alt+Tab】

（190）在 Windows 7 操作系统中，打开外接显示设置窗口的快捷键是　（　）

A.【Win+D】　　B.【Win+P】

C.【Win+Tab】　　D.【Alt+Tab】

（191）在 Windows 7 操作系统中，显示 3D 桌面效果的快捷键是　（　）

A.【Win+D】　　B.【Win+P】

C.【Win+Tab】　　D.【Alt+Tab】

（192）安装 Windows 7 操作系统时，系统磁盘分区的格式必须为　（　）

A. FAT　　B. FAT16　　C. FAT32　　D. NTFS

（193）下列哪个选项可以识别文件类型　（　）

A. 文件的大小　　B. 文件的用途

C. 文件的扩展名　　D. 文件的存放位置

（194）在 Word 2010 中，如果用户想保存一个正在编辑的文档，但希望以不同文件名存储，可用的命令是　（　）

A. 保存　　B. 另存为　　C. 比较　　D. 限制编辑

（195）在 Word 2010 中，下面有关表格功能的说法不正确的是　（　）

A. 可以通过表格工具将表格转换成文本

B. 表格的单元格中可以插入表格

C. 表格中可以插入图片

D. 不能设置表格的边框线

（196）在 Word 2010 中，如果在输入的文字或标点下面出现红色波浪线，可单击【审阅】选项卡【校对】命令组中的【拼写和语法】按钮检查。表示　（　）

A. 拼写和语法错误　　B. 句法错误

C. 系统错误　　D. 其他错误

(197) 不属于算法的特性的是 (　　)

A. 有穷性　B. 确定性　C. 可行性　D. 二义性

(198) 在 Word 2010 中，给每位家长发送一份《期末成绩通知单》，用哪个功能最简便 (　　)

A. 复制　B. 信封　C. 标签　D. 邮件合并

(199) 在 Word 2010 中，可以通过哪个选项卡对不同版本的文档进行比较和合并 (　　)

A. 页面布局　B. 引用　C. 审阅　D. 视图

(200) 在 Word 2010 中，可以通过哪个选项卡对所选内容添加批注 (　　)

A. 插入　B. 页面布局　C. 引用　D. 审阅

(201) 在 Word 2010 中，默认保存后的文档格式扩展名是 (　　)

A. *.doc　B. *.docx　C. *.html　D. *.txt

(202) 在 Excel 2010 中，默认保存后的工作簿格式扩展名是 (　　)

A. *.xlsx　B. *.xls　C. *.htm　D. *.xml

(203) 在 Excel 2010 中，可以通过哪个选项卡对所选单元格进行数据筛选 (　　)

A. 开始　B. 插入　C. 数据　D. 审阅

(204) 以下不属于 Excel 2010 中数字分类的是 (　　)

A. 常规　B. 货币　C. 文本　D. 条形码

(205) 在 Excel 中，打印工作簿时下面的哪个表述是错误的 (　　)

A. 一次可以打印整个工作簿

B. 一次可以打印一个工作簿中的一个或多个工作表

C. 在一个工作表中可以只打印某一页

D. 不能只打印一个工作表中的一个区域位置

(206) 在 Excel 2010 中，要录入身份证号、邮政编码等应选择的格式是 (　　)

A. 常规　　B. 数字(值)

C. 文本　　D. 特殊

(207) 在 Excel 2010 中，要想设置行高、列宽，应选用哪个选项卡中的【格式】命令 (　　)

A. 开始　　B. 插入

C. 页面布局　　D. 视图

(208) 在 Excel 2010 中，在哪个选项卡中可进行工作簿视图方式的切换 (　　)

A. 开始　　B. 页面布局

C. 审阅　　D. 视图

(209) 在 Excel 2010 中，套用表格格式后，会出现的选项卡是 (　　)

A. 图片工具　　B. 表格工具

C. 绘图工具　　D. 其他工具

(210) PowerPoint 2010 演示文稿的扩展名是 (　　)

A. .ppt　B. .pptx　C. .xlsx　D. .docx

（211）要对幻灯片母版进行设计和修改时，应在哪个选项卡中操作 （ ）
A. 设计 B. 审阅 C. 插入 D. 视图
（212）从当前幻灯片开始放映幻灯片的快捷键是 （ ）
A.【Shift + F5】 B.【Shift + F4】
C.【Shift + F3】 D.【Shift + F2】
（213）从第一张幻灯片开始放映幻灯片的快捷键是 （ ）
A.【F2】 B.【F3】 C.【F4】 D.【F5】
（214）要设置幻灯片中对象的动画效果以及动画的出现方式时，应在哪个选项卡中操作 （ ）
A. 切换 B. 动画 C. 设计 D. 审阅
（215）要设置幻灯片的切换效果以及切换方式时，应在哪个选项卡中操作 （ ）
A. 开始 B. 设计 C. 切换 D. 动画
（216）要对演示文稿进行保存、打开、新建、打印等操作时，应在哪个选项卡中操作 （ ）
A. 文件 B. 开始 C. 设计 D. 审阅
（217）要在幻灯片中插入表格、图片、艺术字、视频、音频等元素时，应在哪个选项卡中操作。 （ ）
A. 文件 B. 开始 C. 插入 D. 设计
（218）要让 PowerPoint 2010 制作的演示文稿在 PowerPoint 2003 中放映，必须将演示文稿的保存类型选定为 （ ）
A. XPS 文档（*.xps） B. Windows Media 视频（*.wmv）
C. PowerPoint 演示文稿（*.pptx） D. PowerPoint 97-2003 演示文稿（*.ppt）
（219）若要打开【开始】菜单，可以使用什么组合键 （ ）
A.【Alt + Shift】 B.【Ctrl + Esc】
C.【Ctrl + Alt】 D.【Tab + Shift】
（220）Windows 7 系统中，按【Alt+F4】组合键后将会执行什么操作 （ ）
A. 关闭当前窗口 B. 将当前窗口切换到后台
C. 打开帮助系统 D. 将窗口最大化
（221）要关闭 Windows 操作系统，应该 （ ）
A. 单击【开始】菜单中的【关闭计算机】按钮
B. 单击【关闭】按钮
C. 直接将计算机电源开关关掉即可
D. 只要关闭显示器即可
（222）建立快捷方式的对象包括 （ ）
A. 文件夹 B. 文件 C. 应用程序 D. 都可以
（223）文件系统的多级目录结构是一种 （ ）
A. 总线结构 B. 环状结构 C. 树形结构 D. 网状结构
（224）若要直接删除文件，在把文件拖到回收站时，可按住哪个键 （ ）
A.【Shift】 B.【Alt】 C.【Delete】 D.【Ctrl】

（225）允许在一台主机上同时连接多台终端，并且可以通过各自的终端同时交互地使用主机的操作系统是　（　　）

A. 网络操作系统　　B. 分布式操作系统

C. 分时操作系统　　D. 实时操作系统

（226）在 Windows 中，计算机的日期和时间若不正确，下列操作不能达到校正目的的是　（　　）

A. 在【控制面板】中单击【日期和时间】图标，弹出【日期和时间】对话框，根据提示进行校正

B. 双击任务栏最右边显示的当前【时钟】区域，弹出【日期和时间】对话框，根据显示进行校正

C. 重新启动 Windows，让计算机系统自动设置时间

D. 使计算机运行在 MS-DOS 模式下，利用 DATE 和 TIME 命令设置时间

（227）下列有关剪贴板的叙述中，错误的是　（　　）

A. 利用剪贴板“剪切”的数据只可以是文字而不能是图形

B. 剪贴板中的内容可以粘贴到多个不同的文档中

C. 剪贴板内始终只保存最后一次剪切或复制的内容

D. 退出 Windows 后，剪贴板中的内容将消失

（228）双击一个窗口的标题栏，可以使得窗口　（　　）

A. 最大化　　B. 关闭

C. 最小化　　D. 还原或最大化

（229）你可以使用学校机房中计算机上的程序，但无法卸载这些程序，最可能的原因是　（　　）

A. 计算机系统已经损坏

B. 这些程序已经损坏

C. 你登录了错误版本的操作系统

D. 只有机房管理员才拥有卸载程序的管理权限

（230）在桌面上要移动任意窗口，可以用鼠标拖动该窗口的　（　　）

A. 标题栏　　B. 边框

C. 滚动条　　D. 控制菜单

（231）下面不属于操作系统功能的是　（　　）

A. CPU 管理　　B. 文件管理

C. 设备管理　　D. 编写程序

（232）微型计算机配置高速缓冲存储器是为了解决　（　　）

A. 主机与外设之间速度不匹配问题

B. CPU 与辅助存储器之间速度不匹配问题

C. 内存储器与辅助存储器之间速度不匹配问题

D. CPU 与内存储器之间速度不匹配问题

（233）删除 Windows 桌面上的某个应用程序快捷方式，意味着　（　　）

A. 应用程序与图标一同被隐藏　　B. 应用程序仍保留

C. 只删除应用程序，图标被隐藏　　D. 该应用程序一同被删除

（234）HTML 的中文名是（　　）

A. WWW 编程语言　　B. 文本浏览器

C. Internet 编程语言　　D. 超文本标记语言

（235）使用浏览器访问 Internet 上的 Web 站点时，看到的第一个画面叫（　　）

A. Web 页　　B. 主页　　C. 文件　　D. 界面

（236）为解决某一特定问题而设计的指令序列称为（　　）

A. 语言　　B. 程序　　C. 文档　　D. 指令集

（237）在资源管理器中，选定多个非连续文件的操作为（　　）

A. 按住【Shift】键，然后单击每个要选定的文件图标

B. 按住【Ctrl】键，然后单击每个要选定的文件图标

C. 选中第一个文件，然后按住【Shift】键单击最后一个要选定的文件名

D. 选中第一个文件，然后按住【Ctrl】键单击最后一个要选定的文件名

（238）微机中使用的鼠标一般是连接在（　　）

A. 打印机接口上　　B. 显示器接口上

C. 并行接口上　　D. 串行接口或 USB 接口上

（239）在 Windows 7 环境下，单击当前应用程序窗口中的【关闭】按钮，其功能是（　　）

A. 终止应用程序运行　　B. 退出 Windows 后关机

C. 退出 Windows 后重新启动计算机　　D. 将应用程序转为后台

（240）Windows 将整个计算机显示屏幕看作（　　）

A. 工作台　　B. 背景　　C. 桌面　　D. 窗口

（241）当一个应用程序窗口被最小化后，该应用程序将（　　）

A. 被终止执行　　B. 被删除

C. 被暂停执行　　D. 被转入后台执行

（242）在一个窗口中使用【Alt+Space】组合键可以（　　）

A. 打开快捷菜单　　B. 关闭窗口

C. 打开控制菜单　　D. 最大化或还原窗口

（243）在 Windows 应用程序中，某些菜单中的命令右侧带有“…”表示（　　）

A. 是一个快捷键命令　　B. 带有对话框以便进一步设置

C. 是一个开关式命令　　D. 带有下一级菜单

（244）在 IPv4 中，下列 IP 地址中属于非法的是（　　）

A. 192.256.0.1　　B. 192.168.7.28

C. 10.10.108.2　　D. 202.120.189.146

（245）快速格式化________磁盘的坏扇区而直接从磁盘上删除文件（　　）

A. 扫描　　B. 不扫描　　C. 有时扫描　　D. 由用户决定

（246）执行下列哪个命令可以重新安排文件在磁盘中的存储位置，将文件的存储位置整理到一起，同时合并可用空间，实现提高运行速度的目的（　　）

A. 格式化　　B. 磁盘清理程序

C. 整理磁盘碎片　　D. 磁盘查错

（247）下列设备中，属于输入设备的是　（　）

A. 声音合成器　B. 激光打印机　C. 扫描仪　D. 显示器

（248）下列设备中，既能向主机输入数据又能接收主机输出数据的是　（　）

A. 显示器　　B. 扫描仪

C. 磁盘存储器　　D. 音响设备

（249）在 Windows 7 中，获得联机帮助的快捷键是　（　）

A.【F1】　B.【Alt】　C.【Esc】　D.【Home】

（250）利用【控制面板】的【程序和功能】　（　）

A. 可以删除 Windows 组件　　B. 可以删除 Windows 硬件驱动程序

C. 可以删除 Word 文档模板　　D. 可以删除程序的快捷方式

（251）计算机的存储器应包括　（　）

A. 软盘、硬盘　　B. 磁盘、磁带、光盘

C. 内存储器、外存储器　　D. RAM、ROM

（252）Internet 网站域名地址中的 GOV 表示　（　）

A. 政府部门　　B. 网络服务器

C. 一般用户　　D. 商业部门

（253）计算机中的杀毒软件应该采取的升级频率是　（　）

A. 每周相同的日期和时间

B. 只要防病毒开发商有提供可用的更新版本

C. 通过 IT 部门随时发布重大病毒威胁的信息

D. 当前防病毒软件发现病毒感染文件并发出警告之后

（254）下列叙述中，正确的是　（　）

A. CPU 能直接读取硬盘上的数据

B. CPU 能直接存取内存储器

C. CPU 由存储器、运算器和控制器组成

D. CPU 主要用来存储程序和数据

（255）1946 年首台电子数字计算机 ENIAC 问世后，冯·诺依曼（von Neumann）在研制 EDVAC 计算机时，提出两个重要的改进，它们是　（　）

A. 引入 CPU 和内存储器的概念

B. 采用机器语言和十六进制

C. 采用二进制和存储程序控制的概念

D. 采用 ASCII 编码系统

（256）汇编语言是一种　（　）

A. 依赖于计算机的低级程序设计语言

B. 计算机能直接执行的程序设计语言

C. 独立于计算机的高级程序设计语言

D. 面向问题的程序设计语言

（257）假设某台式计算机的内存储器容量为 128 MB，硬盘容量为 10 GB。硬盘的容量

是内存容量的 ( )

A. 40 倍 B. 60 倍 C. 80 倍 D. 100 倍

(258)计算机的硬件主要包括：中央处理器（CPU）、存储器、输出设备和 ( )

A. 键盘 B. 鼠标 C. 输入设备 D. 显示器

(259)在一个非零无符号二进制整数之后添加一个 0，则此数的值为原数的 ( )

A. 4 倍 B. 2 倍 C. 1/2 D. 1/4

(260)下列关于 ASCII 编码的叙述中，正确的是 ( )

A. 一个字符的标准 ASCII 码占一字节，其最高二进制位总为 1

B. 所有大写英文字母的 ASCII 码值都小于小写英文字母'a'的 ASCII 码值

C. 所有大写英文字母的 ASCII 码值都大于小写英文字母'a'的 ASCII 码值

D. 标准 ASCII 码表有 256 个不同的字符编码

(261)计算机病毒是指能够侵入计算机系统并在计算机系统中潜伏、传播，破坏系统正常工作的一种具有繁殖能力的 ( )

A. 流行性感冒病毒 B. 特殊小程序

C. 特殊微生物 D. 特殊部件

(262)一个字长为 5 位的无符号二进制数能表示的十进制数值范围是 ( )

A. 1～32 B. 0～31 C. 1～31 D. 0～32

(263)在计算机中，每个存储单元都有一个连续的编号，此编号称为 ( )

A. 地址 B. 位置号 C. 门牌号 D. 房号

(264)在所列出的：①字处理软件；②Linux；③UNIX；④学籍管理系统；⑤Windows 7 和⑥Office 2010 这六个软件中，属于系统软件的有 ( )

A. ①②③ B. ②③⑤

C. ①②③⑤ D. 全部都不是

(265)一台微型计算机要与局域网连接，必须具有的硬件是 ( )

A. 集线器 B. 网关 C. 网卡 D. 路由器

(266)在下列字符中，其 ASCII 码值最小的一个是 ( )

A. 空格字符 B. 0 C. A D. a

(267)十进制数 100 转换成二进制数是 ( )

A. 0110101 B. 01101000

C. 01100100 D. 01100110

(268)有一域名为 bit.edu.cn，根据域名代码的规定，此域名表示 ( )

A. 政府机关 B. 商业组织

C. 军事部门 D. 教育机构

(269)在下列设备中，不能作为微机输出设备的是 ( )

A. 打印机 B. 显示器 C. 鼠标 D. 绘图仪

(270)当代微机中所采用的电子元器件是 ( )

A. 电子管 B. 晶体管

C. 小规模集成电路 D. 大规模和超大规模集成电路

(271)二进制数 1100100 等于十进制数 ( )

A. 96　　B. 100　　C. 104　　D. 112

（272）十进制数 89 转换成二进制数是　（　　）

A. 1010101　　B. 1011001　　C. 1011011　　D. 1010011

（273）下列叙述中，正确的是　（　　）

A. 计算机能直接识别并执行用高级程序语言编写的程序

B. 用机器语言编写的程序可读性最差

C. 机器语言就是汇编语言

D. 高级语言的编译系统是应用程序

（274）度量处理器 CPU 时钟频率的单位是　（　　）

A. MIPS　　B. MB　　C. MHz　　D. Mbit/s

（275）计算机的硬件系统主要包括：中央处理器（CPU）、输入设备、输出设备和　（　　）

A. 键盘　　B. 鼠标　　C. 存储器　　D. 扫描仪

（276）把存储在硬盘上的程序传送到指定的内存区域中，这种操作称为　（　　）

A. 输出　　B. 写盘　　C. 输入　　D. 读盘

（277）计算机的系统总线是计算机各部件间传递信息的公共通道，它分　（　　）

A. 数据总线和控制总线　　B. 地址总线和数据总线

C. 数据总线、控制总线和地址总线　　D. 地址总线和控制总线

（278）下列两个二进制数进行算术加运算，100001 + 111=＿＿＿＿＿　（　　）

A. 101110　　B. 101000　　C. 101010　　D. 100101

（279）王码五笔字型输入法属于　（　　）

A. 音码输入法　　B. 形码输入法

C. 音形结合的输入法　　D. 联想输入法

（280）计算机网络最突出的优点是　（　　）

A. 精度高　　B. 共享资源　　C. 运算速度快　　D. 容量大

（281）计算机操作系统通常具有的五大功能是　（　　）

A. CPU 管理、显示器管理、键盘管理、打印机管理和鼠标管理

B. 硬盘管理、光盘驱动器管理、CPU 管理、显示器管理和键盘管理

C. 处理器（CPU）管理、存储管理、文件管理、设备管理和作业管理

D. 启动、打印、显示、文件存取和关机

（282）组成 CPU 的主要部件是控制器和　（　　）

A. 存储器　　B. 运算器　　C. 寄存器　　D. 编辑器

（283）将域名转换成为 IP 地址的是　（　　）

A. FTP 服务器　　B. 默认网关　　C. Web 服务器　　D. DNS 服务器

（284）计算机病毒除通过读/写或复制移动存储器上带病毒的文件传染外，另一条主要的传染途径是　（　　）

A. 网络　　B. 电源电缆

C. 键盘　　D. 输入有逻辑错误的程序

（285）字长为 7 位的无符号二进制整数能表示的十进制整数的数值范围是　（　　）

A. 0～128　　B. 0～255　　C. 0～127　　D. 1～127

（286）在所列出的：①WPS Office 2010；②Windows 7；③财务管理软件；④UNIX；⑤学籍管理系统；⑥MS-DOS；⑦Linux 这七个软件中属于应用软件的有　（　）

A. ①②③　　B. ①③⑤　　C. ①③⑤⑦　　D. ②④⑥⑦

（287）微机的硬件系统中，最核心的部件是　（　）

A. 内存储器　　B. 输入/输出设备

C. CPU　　D. 硬盘

（288）在下列 Internet 应用中，专用于实现文件上传和下载的是　（　）

A. FTP 服务　　B. 博客和微博

C. WWW 服务　　D. 电子邮件服务

（289）下列叙述中，错误的是　（　）

A. 硬盘在主机箱内，它是主机的组成部分

B. 硬盘是外部存储器之一

C. 硬盘的技术指标之一是 r/min

D. 硬盘与 CPU 之间不能直接交换数据

（290）计算机软件分系统软件和应用软件两大类，系统软件的核心是　（　）

A. 数据库管理系统　　B. 操作系统

C. 程序语言系统　　D. 财务管理系统

（291）下列各项中，正确的电子邮箱地址是　（　）

A. L202@sina.com　　B. TT202#yahoo.com

C. A112.256.23.8　　D. K201yahoo.com.cn

（292）组成计算机硬件系统的基本部分是　（　）

A. CPU、键盘和显示器　　B. 主机和输入/输出设备

C. CPU 和输入/输出设备　　D. CPU、硬盘、键盘和显示器

（293）用户在本地计算机上控制另一个地方计算机的一种技术是　（　）

A. VPN　　B. FTP　　C. 即时通信　　D. 远程桌面

（294）下列叙述中，正确的是　（　）

A. 计算机病毒只在可执行文件中传染

B. 计算机病毒主要通过读/写移动存储器或 Internet 网络进行传播

C. 只要删除所有感染了病毒的文件就可以彻底清除病毒

D. 计算机杀毒软件可以查出和清除任意已知的和未知的计算机病毒

（295）下列关于磁道的说法中，正确的是　（　）

A. 盘面上的磁道是一组同心圆

B. 由于每一磁道的周长不同，所以每一磁道的存储容量也不同

C. 盘面上的磁道是一条阿基米德螺线

D. 磁道的编号是最内圈为 0，并次序由内向外逐渐增大，最外圈的编号最大

（296）CPU 的主要技术性能指标有　（　）

A. 字长、运算速度和时钟主频　　B. 可靠性和精度

C. 耗电量和效率　　D. 冷却效率

（297）UPS 的中文译名是 （ ）

A. 稳压电源 B. 不间断电源

C. 高能电源 D. 调压电源

（298）下列各指标中，数据通信系统的主要技术指标之一的是 （ ）

A. 误码率 B. 重码率 C. 分辨率 D. 频率

（299）TCP/IP 协议是 Internet 中计算机之间通信所必须共同遵循的一种 （ ）

A. 通信规定 B. 信息资源 C. 硬件 D. 应用软件

（300）已知英文字母 m 的 ASCII 码值为 6DH，那么 ASCII 码值为 70H 的英文字母是 （ ）

A. O B. Q C. p D. j

（301）下列叙述中，正确的是 （ ）

A. C++是高级程序设计语言的一种

B. 用 C++程序设计语言编写的程序可以直接在机器上运行

C. 当代最先进的计算机可以直接识别、执行任何语言编写的程序

D. 机器语言和汇编语言是同一种语言的不同名称

（302）通常打印质量最好的打印机是 （ ）

A. 针式打印机 B. 点阵打印机

C. 喷墨打印机 D. 激光打印机

（303）下列叙述中，错误的是 （ ）

A. 计算机硬件主要包括：主机、键盘、显示器、鼠标和打印机五大部件

B. 计算机软件分系统软件和应用软件两大类

C. CPU 主要由运算器和控制器组成

D. 内存储器中存储当前正在执行的程序和处理的数据

（304）当电源关闭后，下列关于存储器的说法中，正确的是 （ ）

A. 存储在 RAM 中的数据不会丢失

B. 存储在 ROM 中的数据不会丢失

C. 存储在软盘中的数据会全部丢失

D. 存储在硬盘中的数据会丢失

（305）第二代电子计算机所采用的电子元件是 （ ）

A. 继电器 B. 晶体管 C. 电子管 D. 集成电路

（306）在微机的硬件设备中，有一种设备在程序设计中既可当作输出设备，又可当作输入设备，这种设备是 （ ）

A. 绘图仪 B. 扫描仪 C. 手写笔 D. 磁盘驱动器

（307）ROM 中的信息是 （ ）

A. 由生产厂家预先写入的

B. 在安装系统时写入的

C. 根据用户需求不同，由用户随时写入的

D. 由程序临时存入的

（308）计算机操作系统的主要功能是 （ ）

A. 对计算机的所有资源进行控制和管理，为用户使用计算机提供方便
B. 对源程序进行翻译
C. 对用户数据文件进行管理
D. 对汇编语言程序进行翻译

（309）用来控制、指挥和协调计算机各部件工作的是 （ ）
A. 运算器 B. 鼠标 C. 控制器 D. 存储器

（310）汉字国标码（GB 2312—1980）把汉字分成两个等级。其中一级常用汉字的排列顺序是按 （ ）
A. 汉语拼音字母顺序 B. 偏旁部首
C. 笔画多少 D. 以上都不对

（311）微机的主机指的是 （ ）
A. CPU、内存和硬盘 B. CPU、内存、显示器和键盘
C. CPU 和内存储器 D. CPU、内存、硬盘、显示器和键盘

（312）英文缩写 CAM 的中文意思是 （ ）
A. 计算机辅助设计 B. 计算机辅助制造
C. 计算机辅助教学 D. 计算机辅助管理

（313）一个字符的标准 ASCII 码码长是 （ ）
A. 8 位 B. 7 位 C. 16 位 D. 6 位

（314）汉字输入码可分为有重码和无重码两类，下列属于无重码类的是 （ ）
A. 全拼码 B. 自然码 C. 区位码 D. 简拼码

（315）下列叙述中，正确的是 （ ）
A. 用高级程序语言编写的程序称为源程序
B. 计算机能直接识别并执行用汇编语言编写的程序
C. 机器语言编写的程序必须经过编译和连接后才能执行
D. 机器语言编写的程序具有良好的可移植性

（316）若您只想使用图片的一小部分，应使用下列哪项操作在图形程序中编辑图片 （ ）
A. 剪裁图片 B. 调整图片尺寸
C. 旋转图片 D. 叠放图片

（317）现代计算机采用了什么原理 （ ）
A. 进位计数制 B. 体系结构
C. 数字化方式表示数据 D. 程序控制

（318）计算机软件是指 （ ）
A. 所有程序和支持文档的总和 B. 系统软件和文档资料
C. 应用程序和数据库 D. 各种程序

（319）能使计算机硬件高效运行的系统软件是 （ ）
A. 数据库系统 B. 可视化操作平台
C. 操作系统 D. 语言处理系统

（320）在 Word 中编辑文本时，快速将光标移动到当前行的行首或行尾，使用的操作是　（　　）

A.【Home】或【End】

B.【^Home】或【^End】（说明：^ 指上挡键，也即【Shift】键，下同）

C.【Up】或【Down】

D.【^Up】或【^Down】

（321）在 Word 中要打印文本的第 5～15 页、20～30 页和 45 页，应该在【打印】对话框的【页码范围】框内输入　（　　）

A. 5～15,20～30,45　　B. 5-15,20-30,45

C. 5～15:20～30:45　　D. 5-15:20-30:45

（322）要将 Word 文档另存为“记事本”能处理的文本文件，应选用保存的文件类型是　（　　）

A. 纯文本　　B. Word 文档　　C. WPS 文本　　D. RTF 文本

（323）在 Excel 中，在单元格中输入字符串如 0857833244 时，应输入　（　　）

A. 0857833244　　B. "0857833244"

C. '0857833244　　D. 0857833244#

（324）在向 Excel 单元格中输入公式时，输入的第一个符号应是　（　　）

A. @　　B. =　　C. %　　D. $

（325）在 Excel 中，图表是动态的，改变了图表________后，Excel 会自动更新图表　（　　）

A. X 轴数据　　B. Y 轴数据

C. 标题　　D. 所依赖的数据

（326）采用下列哪种维护机制，不但能防止外部网络恶意入侵，也可以限制内部主机对外的通信　（　　）

A. 调制解调器　　B. 防毒软件

C. 网上　　D. 防火墙

（327）计算机程序是指　（　　）

A. 指挥计算机进行基本操作的命令

B. 能够完成一定处理功能的一组指令的集合

C. 一台计算机能够识别的所有指令的集合

D. 能直接被计算机接受并执行的指令

（328）以下全部属于图像格式的一组是　（　　）

A. rm、bmp、avi、jpg　　B. bmp、tif、png、jpg

C. tif、png、jpg、wma　　D. mp3、bmp、jpg、doc

（329）表示该项已经选用的命令是　（　　）

A. 命令前有“√”记号的命令　　B. 带省略号（…）的命令

C. 用灰色字符显示的命令　　D. 带向右三角形箭头的命令

（330）在 Windows 7 中，各个应用程序之间交换信息的公共数据通道是　（　　）

A. 库　　B. 我的文档　　C. 剪贴板　　D. 回收站

（331）下列文件名中哪一项是非法的 Windows 文件名 （ ）

A. This is my file B. 关于改进服务.的报告

C. *帮助信息* D. student,doc

（332）下列选项中正确的是 （ ）

A. 存储一个汉字和存储一个英文字符占用的存储容量是相同

B. 微型计算机只能进行数值运算

C. 计算机中数据的存储和处理都使用二进制

D. 计算机中数据的输出和输入都使用二进制

（333）现代通用计算机的雏形是 （ ）

A. 宾夕法尼亚大学于 1946 年 2 月研制成功的 ENIAC

B. 冯・诺依曼和他的同事们研制的 EDVAC

C. 查尔斯・巴贝奇于 1834 年设计的分析机

D. 中国唐代的算盘

（334）在下列关于图灵机的说法中，错误的是 （ ）

A. 现代计算机的功能不可能超越图灵机

B. 图灵机不可以计算的问题现代计算机也不能计算

C. 只有图灵机能解决的计算问题，实际计算机才能解决

D. 图灵机是真空管机器

（335）在电子商务中，消费者与消费者之间的交易称为 （ ）

A. B2C B. C2B C. B2B D. C2C

（336）在计算机运行时，把程序和数据一同存放在内存中，这是 1946 年由哪位科学家领导的小组正式提出并论证的 （ ）

A. 爱因斯坦 B. 艾兰•图灵 C. 布尔 D. 冯•诺依曼

（337）图灵机由一条无限长的纸带和一个( )组成。

A. 写头 B. 读头 C. 计算器 D. 读/写头

（338）在 Internet 上，用于对外提供服务的计算机系统称为 （ ）

A. 服务器 B. 高性能计算机

C. 工作站 D. 嵌入式计算机

（339）计算思维是运用计算机科学的( )进行问题求解、系统设计以及人类行为理解等涵盖计算机科学之广度的一系列思维活动。

A. 程序设计原理 B. 基本概念

C. 思维方式 D. 计算方式

（340）下列关于可计算性的说法中，错误的是 （ ）

A. 图灵机可以计算的就是可计算的

B. 所有问题都是可计算的

C. 图灵机与现代计算机在功能上是等价的

D. 一个问题是可计算的是指可以使用计算机在有限步骤内解决

（341）在下列关于计算思维的说法中，正确的是 （ ）

A. 计算机的发明导致了计算思维的诞生

B. 计算思维的本质是计算。

C. 计算思维是人类求解问题的一条途径

D. 计算思维是计算机的思维方式。

（342）在下列操作系统中，不属于智能手机操作系统的是　（　　）

A. Android　　B. iOS　　C. MS DOS　　D. Windows Phone

（343）目前，被人们称为 3C 的技术是指　（　　）

A. 通信技术、计算机技术和控制技术

B. 微电子技术、通信技术和计算机技术

C. 微电子技术、光电子技术和计算机技术

D. 信息基础技术、信息系统技术和信息应用技术

（344）在下列关于信息技术的说法中，错误的是　（　　）

A. 微电子技术是信息技术的基础

B. 计算机技术是现代信息技术的核心

C. 微电子技术是继光电子技术之后近十几年来迅猛发展的综合性高新技术

D. 信息传输技术主要是指计算机技术和网络技术

（345）在一个单位的人事数据库中，字段“简历”的数据类型应当是　（　　）

A. 文本型　　B. 备注型　　C. 数字型　　D. 日期/时间型

（346）进程已经获得了除 CPU 之外的所有资源，并做好了运行准备时的状态

（　　）

A. 就绪状态　　B. 执行状态　　C. 挂起状态　　D. 唤醒状态

（347）关于多道程序系统的说法，正确的是　（　　）

A. 多个程序宏观上并行执行，微观上串行执行

B. 多个程序微观上并行执行，宏观上串行执行

C. 多个程序宏观上和微观上都是串行执行

D. 多个程序宏观上和微观上都是并行执行

（348）在一个数据表中，工资是货币类型的字段，若要每一条记录涨 20%的工资，则 Update 语句应使用的式子是　（　　）

A. 工资=工资 × 1.20　　B. 工资=工资*20%

C. 工资=120%工资　　D. 工资=工资*1.20

（349）在下列关于设备管理的说法中，错误的是　（　　）

A. USB 设备支持即插即用

B. USB 设备支持热插拔

C. 接在 USB 口上的打印机可以不安装驱动程序

D. 在 Windows 中，对设备进行集中统一管理的是设备管理器

（350）将当前窗口复制到剪贴板的命令是　（　　）

A.【Print Screen】　　B.【Alt+PrtScr】

C.【Ctrl+PrtScr】　　D.【Shift+PrtScr】

（351）以下关于 Windows 快捷方式的说法正确的是　（　　）

A. 一个快捷方式可指向多个目标对象

B. 一个对象可有多个快捷方式
C. 只有文件可以建立快捷方式
D. 只有文件夹可以建立快捷方式

（352）在关系型数据库中，二维表中的一行被称为一条（个） （ ）
A. 字段 B. 记录 C. 数据 D. 数据视图

（353）若要查找第二个字符是 A 的所有文件，则应输入 （ ）
A. ?A*.txt B. *A?.txt C. *A*.txt D. ?A*.*

（354）下面不是邮件合并操作必须执行步骤的是 （ ）
A. 创建或打开主文档 B. 打开数据源
C. 打印结果 D. 插入合并域

（355）在 Word 中，有关表格的操作，说法不正确的是 （ ）
A. 文本能转换成表格 B. 表格能转换成文本
C. 文本与表格不能相互转换 D. 文本与表格可以相互转换

（356）Word 中关于样式的说法正确的是 （ ）
A. 样式是所有格式的集合 B. 样式不可以修改
C. 样式不可以复制 D. 样式可以重复使用

（357）Access 是哪种数据管理系统 （ ）
A. 网状 B. 层状 C. 关系型 D. 树状

（358）已设置了幻灯片的动画，但没有看到动画效果，是因为 （ ）
A. 没有切换到幻灯片放映视图 B. 没有切换到幻灯片浏览视图
C. 没有切换到普通视图 D. 没有进入母版视图

（359）在幻灯片母版中插入的对象，只能在（ ）中进行修改。
A. 普通视图 B. 浏览视图
C. 放映状态 D. 幻灯片母版视图

（360）在 PowerPoint 中打印幻灯片时，一张 A4 纸最多可打印幻灯片张数是 （ ）
A. 6 B. 4 C. 12 D. 9

（361）子句“WHERE 性别 = "女" and 工资额 > 2000”的作用是处理（ ）
A. 性别为“女”或者工资额大于 2000 的记录
B. 性别为“女”并且工资额大于 2000 的记录
C. 性别为“女”并非工资额大于 2000 的记录
D. 性别为“女”或者工资额大于 2000，且二者择一的记录

（362）假定有一个商品销售情况的数据列表，包含商品名称、商品类型、销售季节和销售金额等字段，若要分析不同类型商品在不同季节的销售情况时，应使用 （ ）
A. 数据分类汇总 B. 数据透视表
C. 排序 D. 条件格式

（363）若要设置单元格字体、边框线等内容时，则应先选定单元格，然后右击所选单元格，接下来应在弹出的快捷菜单中选择 （ ）
A. 粘贴命令 B. 复制命令

C. 单元格格式命令　　D. 剪切命令

（364）八进制数65转换成十六进制数为　（　）

A. (33)H　　B. (41)H　　C. (65)H　　D. (35)H

（365）下面非法的八进制数是　（　）

A. (34.7)O　　B. (578.3)O　　C. (111.11)O　　D. (1)O

（366）决定浮点数精度的是　（　）

A. 指数　　B. 阶码　　C. 尾数　　D. 符号位

（367）在计算机中，整数的正、负号是怎么表示的　（　）

A. 用一个字符“+”或“-”表示

B. 只用“-”号表示负数，正数没有

C. 最高位“1”表示正，“0”表示负

D. 最高位“0”表示正，“1”表示负

（368）在关于反码的说法中，正确的是　（　）

A. 负数的反码与原码相同

B. 正数的反码与原码相同

C. 负数的反码就是负数的原码全部取反

D. 正数的反码就是正数的原码全部取反

（369）在Unicode编码中，每个字符（包括西文字符）占用的字节数是　（　）

A. 1　　B. 2　　C. 4　　D. 8

（370）一般说来，要求声音的质量越高，则　（　）

A. 量化级数越低和采样频率越低

B. 量化级数越高和采样频率越高

C. 量化级数越低和采样频率越高

D. 量化级数越高和采样频率越低

（371）在下面关于数据库的说法中，错误的是　（　）

A. 数据库中的数据被不同的用户共享

B. 数据库没有数据冗余

C. 数据库有较高的数据独立性

D. 数据库有较高的安全性

（372）在如下扩展名中，经过压缩的声音文件是　（　）

A. WAV　　B. MP3　　C. BMP　　D. JPG

（373）属于源代码开放的操作系统的是　（　）

A. MS DOS　　B. Android　　C. iOS　　D. OS X

（374）在下列关于文件的说法中，正确的是　（　）

A. 具有只读属性的文件不可以删除

B. 具有隐藏属性的文件一定是不可见

C. 同一个目录下，不能有两个文件的文件名相同

D. 文件的扩展名最多只能有三个字符。

（375）操作系统引入多道程序概念的目的是　（　）

A. 提高实时响应速度

B. 充分利用 CPU，减少 CPU 等待时间

C. 有利于代码共享

D. 充分利用存储器

（376）在下列软件中，不属于数据库管理系统的是 （ ）

A. Access B. Excel C. MySQL D. SQL Server

（377）在数据库中存储的是 （ ）

A. 数据 B. 数据结构 C. 数据模型 D. 信息

（378）数据库系统相关人员是数据库系统的重要组成部分，有三类人员：应用程序开发人员、最终用户和 （ ）

A. 程序员 B. 高级程序员

C. 软件开发商 D. 数据库管理员

2. 多选题

（1）计算机采用二进制的好处是 （ ）

A. 二进制只有 0 和 1 两个状态，技术上容易实现

B. 二进制运算规则简单

C. 二进制数 0 和 1 与“真”和“假”相吻合，适合于计算机进行逻辑运算

D. 以上结论都不正确

（2）下列选项中可以正确退出 Office 某一应用程序的方法有 （ ）

A. 选择【文件】→【关闭】命令

B. 右击窗口的标题栏，在弹出的快捷菜单中选择【关闭】命令

C. 选择【文件】→【退出】命令

D. 按【Alt+F4】组合键

（3）在 Word 中，删除文字的方法正确的有 （ ）

A. 按【Backspace】退格键，可以将插入点前面的错误文字删除

B. 按【Enter】键，可删除光标后面的错误文字

C. 按【Delete】键，可删除光标前面的错误文字

D. 将错误文字选取，按【Delete】键，可将其删除

（4）在 Word 2010 中，关于在文档的背景中添加水印效果，下列说法正确的有 （ ）

A. 既可添加文字水印，也可添加图片水印

B. 内容可以任意编辑

C. 文字水印的角度可以任意设置

D. 文字水印的大小可以任意设置

（5）在 Excel 2010 中，包含公式和函数的单元格通常并不显示公式和函数本身，而是直接显示公式或函数的结果。若想显示输入的公式或函数，正确的操作方法有 （ ）

A. 在包含公式和函数的单元格处双击

B. 选定包含公式和函数的单元格，按【F2】键

C. 选定包含公式和函数的单元格，编辑栏上将显示出

D. 选定包含公式和函数的单元格，按【F4】键

（6）在 Excel 中，按住键盘中的哪个键，可将连续的单元格区域选取，按住键盘中的哪个键，可选定几个不相连的单元格区域，（注意顺序）不正确的有（ ）

A.【Ctrl】和【Shift】 B.【Alt】和【Shift】

C.【Shift】和【Ctrl】 D.【Esc】和【Shift】

（7）在 Word 中，有关页眉和页脚的编辑，下列叙述正确的有（ ）

A. 可以插入页码 B. 不能插入图片

C. 不能插入域 D. 可以插入时间和日期

（8）在 PowerPoint 中，下列快捷键正确的有（ ）

A. 新建【Ctrl + N】 B. 打开【Ctrl + O】

C. 超链接【Ctrl + K】 D. 观看放映【F6】

（9）在 Excel 的【打开】对话框中，如果要一次性打开多个工作簿，可按住哪个键，然后单击【打开】按钮即可（ ）

A.【Alt】 B.【Ctrl】 C.【Shift】 D.【Esc】

（10）在 Excel 中，输入日期时，按下列哪个组合键，可输入系统当前正在显示的日期。输入时间时，按下列哪个组合键，可输入系统当前正在显示的时间（ ）

A.【Ctrl+;】 B.【Shift+;】

C.【Ctrl+Shift+;】 D.【Ctrl+Shift】

（11）在 PowerPoint 中，下列关于文本框的叙述，正确的有（ ）

A. 插入文本框有“水平”和“垂直”两种选项

B. 输入文字时，横排文字到达文本框右侧边缘，将自动转换到下一行

C. 幻灯片版式中的文本占位符与用户插入的文本框完全相同

D. 文本框不能旋转

（12）关于母版的背景图形，下列说法正确的有（ ）

A. 在普通视图中可以改变母版上的设置

B. 在普通视图中无法改变母版上的设置

C. 要使剪贴画或图片出现在每张幻灯片中，可以将它放在幻灯片母版中

D. 要改变母版上的图片设置，必须打开母版

（13）未来的计算机发展方向是（ ）

A. 光计算机 B. 生物计算机

C. 分子计算机 D. 量子计算机

（14）下列有关调整幻灯片中图片的叙述正确的有（ ）

A. 按住【Shift】键可以选择多张图片

B. 按住【Ctrl】键拖动图片，可以复制图片

C. 插入的图片可以放大和缩小

D. 插入的图片不能放大和旋转

（15）计算机系统软件的两个重要特点是（ ）

A. 通用性 B. 可卸载性

C. 可扩充性　　D. 基础性

（16）下列说法正确的是　（　　）

A. 光盘驱动器属于主机，光盘属于外设

B. 键盘和显示器都是计算机的 I/O 设备

C. 键盘和鼠标均为输入设备

D. 打印机和绘图仪都是输出设备

（17）可能引发下一次计算机技术革命的技术主要包括　（　　）

A. 纳米技术　　B. 光技术

C. 量子技术　　D. 生物技术

（18）以下语言中属于高级语言的是　（　　）

A. Delphi　　B. 机器语言

C. 汇编语言　　D. C++

（19）下面属于操作系统的有　（　　）

A. MS-DOS　　B. UNIX

C. Windows　　D. Word

（20）关于程序设计语言，正确的说法是　（　　）

A. 机器语言和汇编语言都是面向机器的语言

B. 计算机硬件系统能直接识别机器语言和汇编语言

C. 机器语言的效率最高，执行速度最快

D. 高级语言的效率最高，执行速度最快

（21）关于计算机语言的描述，不正确的是　（　　）

A. 机器语言的语句全部由 0 和 1 组成，执行速度快

B. 机器语言因为是面向机器的低级语言，所以执行速度慢

C. 汇编语言已将机器语言符号化，所以它与机器无关

D. 汇编语言比机器语言执行速度快

（22）信息技术主要包括以下几个方面　（　　）

A. 感测与识别技术　　B. 信息传递技术

C. 信息处理与再生技术　　D. 信息使用技术

（23）下列叙述中，正确的是　（　　）

A. U 盘既可作为输入设备，也可作为输出设备

B. 操作系统用于管理计算机系统的软、硬件资源

C. 键盘上功能键表示的功能是由计算机硬件确定的

D. PC 开机时应先接通外围设备电源，后接通主机电源

（24）在 Windows 中，桌面是指　（　　）

A. 电脑桌

B. 桌面是打开计算机并登录到 Windows 之后看到的主屏幕区域

C. 窗口、图标和对话框所在的屏幕背景

D. 活动窗口

（25）以下哪些是 Windows 操作系统的特点　（　　）

A. 图形操作界面　　B. 功能全面的管理工具和应用程序
C. 多任务处理能力　　D. 与 Internet 的完美结合

(26) 文件是被赋予名称并存于磁盘上的信息单元，它可以是　(　　)
A. 一组数据　　B. 一个程序
C. 一首歌　　D. 一张纸

(27) 文件名的组成有　(　　)
A. 图标标识　　B. 主文件名
C. 扩展名　　D. 符号

(28) 向单元格输入数据一般有哪些方式　(　　)
A. 直接输入数据　　B. 自动生成
C. 利用“填充柄”输入数据　　D. 从外部导入数据

(29) 树形目录结构的优势表现在　(　　)
A. 可以对文件重命名　　B. 有利于文件的分类
C. 提高检索文件的速度　　D. 能进行存取权限的限制

(30) 微型计算机的辅助存储器比主存储器　(　　)
A. 存储容量大　　B. 存储可靠性高
C. 读/写速度快　　D. 价格便宜

(31) 打印机的主要技术指标有　(　　)
A. 分辨率　　B. 扫描频率
C. 打印速度　　D. 打印缓冲存储器容量

(32) 下列部件中，不能直接通过总线与 CPU 连接的是　(　　)
A. 键盘　　B. 内存储器
C. 硬盘　　D. 显示器

(33) 网络由以下哪些部分组成　(　　)
A. 计算机　　B. 网卡
C. 通信线路　　D. 网络软件

(34) 以下哪些是计算机主机板上的部件　(　　)
A. 控制芯片组　　B. Cache
C. 总线扩展槽　　D. 电源

(35) 显示器按显示原理通常分为　(　　)
A. 液晶显示器　　B. CRT 显示器
C. 等离子显示器　　D. 背投显示器

(36) 在 Excel 工作表中，日期型数据“2015 年 12 月 5 日”的正确输入形式是　(　　)
A. 2015:12:5　　B. 2015:12:05
C. 2015-12-5　　D. 2015/12/5

(37) 以下关于多媒体技术的描述中，正确的是　(　　)
A. 多媒体技术将多种媒体以数字化的方式集成在一起
B. 多媒体技术是指将多种媒体进行有机组合而成的一种新的媒体应用系统

C. 多媒体技术就是能用来观看的数字电影技术
D. 多媒体技术与计算机技术的融合开辟出一个多学科的崭新领域

(38) 以下属于 Excel 中的算术运算符的是 ( )
A. / B. -
C. + D. !=

(39) 下面属于 Excel【单元格格式】对话框中【数字】选项卡中内容的选项是 ( )
A. 字体 B. 货币
C. 日期 D. 自定义

(40) 在 Excel 中，能给文字添加哪些文字效果 ( )
A. 删除线 B. 双删除线
C. 上标 D. 下标

(41) 以下关于文件压缩的说法中，正确的是 ( )
A. 文件压缩后文件尺寸一般会变小
B. 不同类型的文件的压缩比率是不同的
C. 文件压缩的逆过程称为解压缩
D. 使用文件压缩工具可以将 JPG 图像文件压缩 70%左右

(42) 在 Windows 7 中可以完成窗口切换的方法是 ( )
A.【Alt+Tab】
B.【Win+Tab】
C. 单击要切换窗口的任何可见部位
D. 单击任务栏上要切换的应用程序按钮

(43) 在 Word 2010 中,【审阅】选项卡【语言】命令组中的【翻译】按钮可以进行的操作有 ( )
A. 翻译文档 B. 翻译所选文字
C. 翻译屏幕提示 D. 翻译批注

(44) 在 Word 2010 中插入艺术字后，通过绘图工具可以进行的操作有 ( )
A. 删除背景 B. 艺术字样式
C. 文本 D. 排列

(45) 在 Word 2010 中，插入图片后，可以通过出现的【图片工具】选项卡对图片进行哪些美化设置 ( )
A. 删除背景 B. 艺术效果
C. 图片样式 D. 裁剪

(46) 在 Word 2010 中，可以插入哪些元素 ( )
A. 图片、剪贴画、艺术字 B. 形状
C. 屏幕截图 D. 页眉和页脚

(47) 在 Word 2010 中，插入表格后可通过出现的【表格工具-设计】、【表格工具-布局】选项卡进行哪些操作 ( )
A. 表格样式 B. 边框和底纹

C. 删除和插入行列　　D. 表格内容的对齐方式

(48) 通过【开始】→【字体】命令组可以对文本进行哪些操作设置　(　　)

A. 字体　　B. 字号

C. 消除格式　　D. 样式

(49) 在 Word 2010 中，通过【页面布局】→【页面设置】命令组可以设置的内容有　(　　)

A. 打印份数　　B. 打印的页数

C. 打印的纸张方向　　D. 页边距

(50) 在 Excel 2010 中，选择【文件】→【信息】命令，打开的窗格中有哪些内容　(　　)

A. 权限　　B. 检查问题　　C. 管理版本　　D. 帮助

(51) 在 Excel 2010 的打印设置中，可以设置打印的是　(　　)

A. 打印活动工作表　　B. 打印整个工作簿

C. 打印单元格　　D. 打印选定区域

(52) 在 Excel 2010 中，工作簿视图方式除了有普通视图外，还有哪些　(　　)

A. 自定义视图　　B. 页面布局

C. 分页预览　　D. 全屏显示

(53) Excel 的三要素是　(　　)

A. 工作簿　　B. 工作表

C. 单元格　　D. 数字

(54) 在 Excel 2010 中，通过【页面布局】选项卡可对页面进行的设置有　(　　)

A. 页边距　　B. 纸张方向、大小

C. 打印区域　　D. 打印标题

(55) 在【幻灯片放映】选项卡中，可以进行的操作有　(　　)

A. 选择幻灯片的放映方式　　B. 设置幻灯片的放映方式

C. 设置幻灯片放映时的分辨率　　D. 设置幻灯片的背景样式

(56) 在进行幻灯片动画设置时，可以设置的动画类型有　(　　)

A. 进入　　B. 强调

C. 退出　　D. 动作路径

(57) 在【切换】选项卡中，可以进行的操作有　(　　)

A. 设置幻灯片的切换效果　　B. 设置幻灯片的换片方式

C. 设置幻灯片切换效果的持续时间　　D. 设置幻灯片的版式

(58) 在 PowerPoint 2010 中，下列属于【开始】选项卡内容的是　(　　)

A. 粘贴、剪切、复制　　B. 新建幻灯片

C. 设置字体、段落　　D. 查找、替换、选择

(59) PowerPoint 2010 的功能区由下列哪些选项组成　(　　)

A. 菜单栏　　B. 快速访问工具栏

C. 选项卡　　D. 工具组

(60) 下列对数据库管理系统陈述不正确的是　(　　)

A. 是操作系统的一部分　　B. 是在操作系统支持下的系统软件
C. 是一种编译系统　　D. 是一种操作系统

（61）在【视图】选项卡中，可以进行的操作有　　（　　）
A. 选择演示文稿视图模式　　B. 更改母版视图的设计和版式
C. 显示标尺、网格线和参考线　　D. 设置显示比例

（62）PowerPoint 2010 的操作界面由下面哪些选项组成　　（　　）
A. 功能区　　B. 工作区
C. 状态区　　D. 显示区

（63）计算机在信息处理中的作用包括　　（　　）
A. 数据加工　　B. 多媒体技术
C. 通信　　D. 智能化决策

（64）上网时，计算机可能染上病毒的情况是　　（　　）
A. 接收电子邮件　　B. 发送邮件中
C. 下载文件　　D. 浏览网页

（65）实现多窗口程序切换，应按________组合键
A.【Ctrl+Tab】　　B.【Ctrl+Esc】
C.【Alt+Esc】　　D.【Alt+Tab】

（66）在 Windows 中，当一个窗口最大化之后，下列各操作中可以进行的有
（　　）
A. 关闭窗口　　B. 最小化窗口
C. 双击窗口标题栏　　D. 还原窗口

（67）下面关于 Windows 文件命名的规定叙述中，错误的有　　（　　）
A. 文件名允许使用多个圆点分隔符，也允许使用空格
B. 文件主名最多可有 8 个字符
C. 文件名中不区分大小写字母
D. 文件扩展名最多可有 3 个字符

（68）下列关于 Windows 的【回收站】的叙述中，错误的是　　（　　）
A.【回收站】中的信息可以彻底删除，也可以还原
B. 当硬盘空间不够使用时，系统自动使用【回收站】所占据的空间
C.【回收站】中存放的是所有逻辑硬盘上被删除的信息
D. U 盘上被删除的文件也被放到【回收站】中

（69）将某个 U 盘插入计算机后显示的盘符为 F，该 U 盘有写保护开关并且开关处在保护状态，以下可以进行的操作有　　（　　）
A. 将 F 盘中某个文件重命名，或者删除
B. 将 F 盘中所有内容复制到 D 盘
C. 在 F 盘上创建文件夹 ABC
D. 显示 F 盘上的所有文件

（70）下列各个术语中，与显示器性能指标有关的是　　（　　）
A. 点距　　B. 可靠性

C. 分辨率　　D. 精度

（71）关于键盘上的按键，以下叙述中正确的有（　　）

A. 按住【Shift】键，再按【A】键一定输入大写字母A

B. 功能键【F1】、【F2】等的功能对不同的软件可能不同

C.【End】键的功能是将光标移动到屏幕最右端

D. 键盘上的【Ctrl】键和【Shift】键总是与其他键配合使用

（72）关于内存和内存条的描述中，下列说法正确的有（　　）

A. 内存条是插在微机主板上的电路板，不同型号的内存条其引脚数量不同

B. 内存是由若干个内存条构成的

C. 内存条包含在CPU中

D. 不同型号的内存条其电路板的形状是不同的

（73）下列存储器中，断电后其信息不会丢失的是（　　）

A. DRAM和SRAM　　B. 磁盘存储器

C. Cache　　D. ROM

（74）以下各项中，对磁盘格式化时进行的操作有（　　）

A. 划分磁道和扇区　　B. 设定Windows版本号

C. 建立引导区　　D. 建立目录区

（75）在Windows的【任务管理器】窗口中，可以进行的操作有（　　）

A. 结束某个任务，或运行一个新的任务

B. 显示内存的使用状况

C. 切换某个任务为当前任务

D. 显示CPU的使用状况

（76）安装完新硬件后，出现以下现象：鼠标和键盘停止工作；操作系统经常重新启动；调制解调器不再正常工作；屏幕上出现乱码；计算机经常死机；计算机无法播放影音文件。最有可能引起这些问题的是（　　）

A. 驱动程序问题　　B. 硬件冲突

C. 电缆故障或硬盘损坏　　D. 电源供应问题

（77）以下各项中，属于冯·诺依曼提出的通用电子计算机设计方案要点的有（　　）

A. 存储程序控制　　B. 高速计算及高精度计算

C. 采用二进制　　D. 计算机硬件由五个基本部分组成

（78）关于计算机硬件组成的说法，正确的是（　　）

A. 计算机硬件系统由运算器、控制器、存储器、输入/输出五大部分组成

B. 当关闭计算机电源后，内存中的程序和数据就消失

C. U盘和硬盘上的数据均可由CPU直接存取

D. U盘和硬盘驱动器既属于输入设备，又属于输出设备

（79）在Word文档编辑中，下列选项使用【格式刷】能实现的操作有（　　）

A. 复制页面设置　　B. 复制段落格式

C. 复制文本格式　　D. 复制项目符号

（80）在Word表格编辑中，能进行的操作是（　　）

A. 合并单元格　　B. 合并行
C. 隐藏行　　D. 拆分单元格

（81）在 Word 中，使用【查找/替换】功能能够实现　　（　　）
A. 删除文本　　B. 更正文本
C. 更改指定文本的格式　　D. 更改图片格式

（82）Excel 的每个单元格都有其固定的地址，如 A5 单元格表示的含义不正确的是　　（　　）
A. “A5”代表单元格的数据
B. “A”代表第 A 行，“5”代表第 5 列
C. “A”代表第 A 列，“5“代表第 5 行
D. “A5”只是两个任意字符

（83）能通过网络传送文件的是　　（　　）
A. FTP　　B. 电子邮件
C. QQ 发送文件　　D. BBS

（84）关于计算机病毒，正确的叙述是　　（　　）
A. 计算机病毒具有破坏性、传染性、潜伏性、寄生性、隐蔽性
B. 计算机病毒会破坏计算机的显示器
C. 计算机病毒是一种程序
D. 杀毒软件并不能杀除所有计算机病毒

（85）关于信息的下列说法，正确的是　　（　　）
A. 信息可以影响人们的行为和思维
B. 所谓信息，就是指计算机中保存的数据
C. 信息需要通过载体才能传播
D. 信息有多种不同的表示方式

（86）属于搜索引擎的网站是　　（　　）
A. www.qq.com　　B. www.yahoo.com
C. www.gues.edu.cn　　D. www.baidu.com

（87）关于 PowerPoint 幻灯片母版的使用，正确的说法是　　（　　）
A. 通过对母版的设置，可以控制幻灯片中不同部分的表现形式
B. 通过对母版的设置，可以预定义幻灯片的前景、背景颜色和字体大小
C. 修改母版不会对演示文稿中任何一张幻灯片带来影响
D. 标题母版为使用标题版式的幻灯片设置了默认格式

3. 判断题

（1）计算机软件系统分为系统软件和应用软件两大部分。　　（　　）
（2）USB 接口只能连接 U 盘。　　（　　）
（3）Windows 中，文件夹的命名不能带扩展名。　　（　　）
（4）将 Windows 应用程序窗口最小化后，该程序将立即被关闭。　　（　　）
（5）用 Word 2010 编辑文档时，插入的图片默认为嵌入版式。　　（　　）

（6）WPS是我国自主开发的办公自动化软件，开发者是求伯君。（ ）
（7）Excel工作表的顺序可以人为改变。（ ）
（8）汇编程序就是用多种语言混合编写的程序。（ ）
（9）Windows的任务栏只能放在桌面的下部。（ ）
（10）Internet中的FTP是用于文件传输的协议。（ ）
（11）文件夹实际代表的是外存储介质上的一个存储区域。（ ）
（12）计算机中安装防火墙软件后就可以防止计算机着火。（ ）
（13）只要是网上提供的音乐，都可以随便下载使用。（ ）
（14）一台完整的计算机硬件是由控制器、存储器、输入设备和输出设备组成的。（ ）
（15）机器语言是由一串用0、1代码构成指令的高级语言。（ ）
（16）微型计算机的微处理器主要包括CPU和控制器。（ ）
（17）计算机在一般的工作中不能往ROM写入信息。（ ）
（18）计算机在一般的工作中不能往RAM写入信息。（ ）
（19）计算机能直接执行的程序是高级语言程序。（ ）
（20）计算机软件一般包括系统软件和编辑软件。（ ）
（21）计算机断电后，计算机中ROM和RAM中的信息全部丢失。（ ）
（22）计算机病毒是一个在计算机内部或系统之间进行自我繁殖和扩散的程序，其自我繁殖是指复制。（ ）
（23）计算机存储容量的单位通常是字节。（ ）
（24）CPU的中文名称是微处理器。（ ）
（25）内存储器可分为随机存取存储器和只读存储器。（ ）
（26）计算机病毒主要是通过磁盘与网络传播的。（ ）
（27）第一台电子计算机是冯·诺依曼发明的。（ ）
（28）存储器是用来存储数据和程序的。（ ）
（29）一般情况下，主频越高，计算机运算速度越快。（ ）
（30）只要有了杀毒软件，就不怕计算机被病毒感染。（ ）
（31）外存储器比内存储器容量大，但工作速度慢。（ ）
（32）计算机具有逻辑判断能力，所以说具有人的全部智能。（ ）
（33）只能读取，但无法将新数据写入的存储器，是RAM存储器。（ ）
（34）故意制作、传播计算机病毒是违法行为。（ ）
（35）对PC而言，Inter Core 2 Duo、AMD PhenomX2 555指的都是CPU类型。（ ）
（36）计算机及其外围设备在加电启动时，一般应先给外设加电。（ ）
（37）计算机的性能主要取决于硬盘的性能。（ ）
（38）raptor虽是一种非可视化的程序设计环境，但它为程序和算法设计的基础课程的教学提供实验环境。（ ）
（39）计算机的硬件中，有一部件称为ALU，它一般是指运算器。（ ）
（40）像素个数是显示器的一个重要技术指标。（ ）
（41）在计算机中，用来执行算术与逻辑运算的部件是控制器。（ ）

（42）第一代计算机主要应用领域为数据处理。 （ ）

（43）CGA、VGA 标志着存储器不同规格和性能。 （ ）

（44）微型计算机中运算器的主要功能是进行算术运算。 （ ）

（45）存储器按所处位置的不同，可分为内存储器和硬盘存储器。 （ ）

（46）系统软件中最基本的是操作系统。 （ ）

（47）计算机中的内存容量 2GB 就是：2×1024×1024×1024 字节。 （ ）

（48）计算机中用来表示内存储器容量大小的基本单位是字。 （ ）

（49）已知英文字母 m 的 ASCII 码值是 109，那么字母 n 的 ASCII 码值是 108。 （ ）

（50）“32 位微型计算机”中的 32 指的是微机型号。 （ ）

（51）回收站可以暂时存放被删除的文件，因此属于内存的一块区域。 （ ）

（52）当一个应用程序窗口被最小化后，该应用程序仍然正在执行。 （ ）

（53）在 Windows 中，要将整个屏幕画面全部复制到剪贴板中用 PrintScreen 键。 （ ）

（54）在 Windows 中，可以查看系统性能状态和硬件设置的方法是在【控制面板】中双击【系统】图标。 （ ）

（55）在资源管理器左窗口中，文件夹图标左侧【+】表示该文件夹中有子文件夹。 （ ）

（56）在 Word 中，进行分栏操作时栏与栏之间不可以设置分隔线。 （ ）

（57）在 Word 编辑状态下，若光标位于表格外右侧的行尾处，按 Enter 键的结果为插入一行，表格行数改变。 （ ）

（58）在 Word 中，打开文档是将指定的文档从内存中读入，并显示出来。 （ ）

（59）在 Word 文本编辑过程下，用【Backspace】键和【Delete】键均可以删除文字。 （ ）

（60）Excel 默认情况下，文本数据沿单元格左对齐，数值数据沿单元格右对齐。 （ ）

（61）Excel 工作表中单元格文字的方向可以水平和垂直排列，但不能进行旋转。 （ ）

（62）在 Excel 工作簿中，要同时选择多个不相邻的工作表，可以在按住【Ctrl】键的同时依次单击各个工作表的标签。 （ ）

（63）PowerPoint 状态栏用于显示幻灯片的序号或选用的模板等信息。 （ ）

（64）在 PowerPoint 中，按【F5】键，可从头至尾地播放全部幻灯片。 （ ）

（65）在放映幻灯片时，若要中途退出播放状态，应按【Esc】键。 （ ）

（66）某台计算机的 IP 是 202.255.256.112。 （ ）

（67）域名中 cn 代表中国，edu 代表科研机构。 （ ）

（68）防火墙的主要工作原理是对数据包及来源进行检查，阻断被拒绝的数据。 （ ）

（69）杀毒软件可以对 U 盘、硬盘和光盘的病毒进行检查并杀毒。 （ ）

（70）收发电子邮件，首先必须拥有电子邮箱。（　　）

（71）多媒体计算机的特点是较强的联网功能和数据库能力。（　　）

（72）交互式的视频游戏不属于多媒体的范畴。（　　）

（73）我们可以通过判断在按下主机电源按键后看面板上的电源灯是否亮和机箱前面板上的硬盘指示灯来判断主机电源是否接通和硬盘是否在工作。（　　）

（74）鼠标按其工作原理来分，有机械鼠标、光机鼠标、光电鼠标几种；接口有：①串口、②PS/2、③USB接口三种。（　　）

（75）在用Word编辑文本时，若要删除文本区中某段文本的内容，可选取该段文本，再按【Delete】键。（　　）

（76）在Excel中，两个或多个单元格合并后，被合并的所有单元格的内容都被保留。（　　）

（77）幻灯片放映时不显示备注页下添加的备注内容。（　　）

（78）在PowerPoint中，如果改变幻灯片母版的格式，则演示文稿中所有应用该母版版式的幻灯片都将受母版的影响。（　　）

（79）如果将演示文稿置于另一台不带PowerPoint系统的计算机上放映，那么应该对演示文稿进行打包。（　　）

（80）幻灯片放映时，按【Ctrl+F4】组合键可以终止放映。（　　）

（81）要开启Windows 7的Aero效果，必须使用Aero主题。（　　）

（82）在Windows 7中默认库被删除后可以通过恢复默认库进行恢复。（　　）

（83）安装安全防护软件有助于保护计算机不受病毒侵害。（　　）

（84）云计算是传统计算机和网络技术发展融合的产物，它意味着计算能力也可作为一种商品通过互联网进行流通。（　　）

（85）在Word 2010中，通过【屏幕截图】功能，不但可以插入未最小化到任务栏的可视化窗口图片，还可以通过屏幕剪辑插入屏幕任何部分的图片。（　　）

（86）在Word 2010中可以插入表格，而且可以对表格进行绘制、擦除、插入和删除行列等操作，但不能合并和拆分单元格。（　　）

（87）在Word 2010中，表格底纹设置只能设置整个表格底纹，不能对单个单元格进行底纹设置。（　　）

（88）在Word 2010中，只要插入的表格选取了一种表格样式，就不能更改表格样式和进行表格的修改。（　　）

（89）在Word 2010中，可以给文本选取各种样式，但不能更改样式。（　　）

（90）在Word 2010，要在【自定义功能区】和【自定义快速工具栏】中添加其他工具，可以通过【文件】→【选项】→【Word选项】进行添加设置。（　　）

（91）在Word 2010中，不能创建“会议议程”文档类型。（　　）

（92）在Word 2010中，可以插入“页眉和页脚”，但不能插入“日期和时间”。（　　）

（93）在Word 2010中，能打开*.dos扩展名格式的文档，并可以进行格式转换和保存。（　　）

（94）在 Word 2010 中，选择【文件】→【打印】命令可以进行文档的页面设置。（　　）

（95）在 Word 2010 中，插入的艺术字只能选择文本的外观样式，不能进行艺术字颜色、效果等其他设置。（　　）

（96）在 Word 2010 中，“文档视图”方式和“显示比例”除在【视图】选项卡中设置外，还可以在状态栏右下角进行快速设置。（　　）

（97）在 Word 2010 中，能插入脚注，而且可以制作文档目录，但不能插入封面。（　　）

（98）在 Word 2010 中，不但能插入内置公式，而且可以插入新公式并可通过【公式工具】功能区进行公式编辑。（　　）

（99）在 Excel 2010 中，可以更改工作表的名称和位置。（　　）

（100）在 Excel 中只能清除单元格中的内容，不能清除单元格中的格式。（　　）

（101）在 Excel 2010 中，使用筛选功能只显示符合设定条件的数据而删除其他数据。（　　）

（102）Excel 工作表的数量可根据工作需要作适当增加或减少，并可以进行重命名、设置标签颜色等相应的操作。（　　）

（103）Excel 2010 可以通过 Excel 选项自定义功能区和自定义快速访问工具栏。（　　）

（104）在 Excel 2010 中，选择【文件】→【保存并发送】命令，只能更改文件类型保存，不能将工作簿保存到 Web 或共享发布。（　　）

（105）要将最近使用的工作簿固定到列表，可选择【最近所用文件】命令，单击欲固定的工作簿右边对应的按钮即可。（　　）

（106）在 Excel 2010 中，只能设置表格的边框，不能设置单元格边框。（　　）

（107）在 Excel 2010 中，套用表格格式后可在【表格工具-设计】→【表格样式】命令组中选择【汇总行】命令，显示出汇总行，但不能在汇总行中进行数据类别的选择和显示。（　　）

（108）在 Excel 2010 中不能进行超链接设置。（　　）

（109）在 Excel 2010 中只能用【套用表格格式】设置表格样式，不能设置单个单元格样式。（　　）

（110）在 Excel 2010 中，除可创建空白工作簿外，还可以下载多种 Office.com 中的模板。（　　）

（111）在 Excel 2010 中，只要应用了一种表格格式，就不能对表格格式作更改和清除。（　　）

（112）运用【条件格式】中的【项目选取规划】，可自动显示学生成绩中某列前 10 名内单元格的格式。（　　）

（113）在 Excel 2010 中，后台【保存自动恢复信息的时间间隔】默认为 10 分钟。（　　）

（114）在 Excel 2010 中，当插入图片、剪贴画、屏幕截图后，功能区会出现【图片工具-格式】选项卡，在其中可进行相应的设置。（　　）

（115）在 Excel 2010 中设置“页眉和页脚”，只能通过【插入】选项卡插入页眉和页脚，没有其他的操作方法。（　　）

（116）在 Excel 2010 中，只要运用了套用表格格式，就不能消除表格格式，把表格转为原始的普通表格。（　　）

（117）在 Excel 2010 中只能插入和删除行、列，但不能插入和删除单元格。（　　）

（118）PowerPoint 2010 可以直接打开 PowerPoint 2003 制作的演示文稿。（　　）

（119）PowerPoint 2010 选项卡中的命令不能进行增加和删除。（　　）

（120）PowerPoint 2010 的功能区包括快速访问工具栏、选项卡和工具组。（　　）

（121）在 PowerPoint 2010 的【审阅】选项卡中可以进行拼写检查、语言翻译、中文简繁体转换等操作。（　　）

（122）在 PowerPoint 2010 中，【动画刷】工具可以快速设置相同动画。（　　）

（123）在 PowerPoint 2010 的【视图】选项卡中，演示文稿视图有普通视图、幻灯片浏览、备注页和阅读视图四种模式。（　　）

（124）在 PowerPoint 2010 的【设计】选项卡中，可以进行幻灯片页面设置、主题模板的选择和设计。（　　）

（125）在 PowerPoint 2010 中，可以对插入的视频进行编辑。（　　）

（126）在 PowerPoint 2010 中，可以将演示文稿保存为 Windows Media 视频格式。（　　）

（127）在开机和重新启动计算机时，操作系统识别安装于计算机中的所有设备，并检查它们是否正常工作。（　　）

（128）浮动工具栏可以被移动到屏幕上的任何位置。（　　）

（129）在 Windows 操作系统中，用户在卸载即插即用型硬件设备时，无须关闭计算机和切断电源，只要将该硬件设备从计算机相应的连接接口处直接拔出即可。（　　）

（130）使用打印机时，应该回收用完的墨盒，而不要对它们进行简单的丢弃处理。（　　）

（131）在 Windows 系统中，用户在安装一个新的硬件设备时，系统能够自动识别该设备，并为其安装设备驱动程序和进行相关的配置，无须人工干预。（　　）

（132）信息是人类的一切生存活动和自然存在所传达出来的信号和消息。（　　）

（133）信息技术是指一切能扩展人的信息功能的技术。（　　）

（134）感测与识别技术包括对信息的编码、压缩、加密等。（　　）

（135）人工智能的主要目的是用计算机来代替人的大脑。（　　）

（136）网格计算（Grid Computing）是一种分布式计算。（　　）

（137）特洛伊木马程序是伪装成合法软件的非感染型病毒。（　　）

（138）计算机软件的体现形式是程序和文件，它们是受著作权法保护的。但在软件中体现的思想不受著作权法保护。（　　）

（139）将两个以上的 CPU 整合在一起称为多核处理器。（　　）

（140）简单地说，物联网是通过信息传感设备将物品与互联网相连接，以实现对物品进行智能化管理的网络。 （ ）

4. 填空题

（1）计算机的指令由________和操作数或地址码组成。

（2）十六进制数 3D8 用十进制数表示为________。

（3）微型计算机的主机由控制器、________器和内存构成。

（4）PowerPoint 普通视图中的三个工作区域是：大纲区、幻灯片区和________区 。

（5）LAN、MAN 和 WAN 分别代表的是局域网、城域网和________网。

（6）通常人们把计算机信息系统的非法入侵者称为________。

（7）操作系统可以看作用户与________之间的接口。

（8）计算机的 CPU 由运算器和________组成。

（9）微处理器的________是指计算机的时钟频率，单位是 MHz，目前微机已经达到了 GHz 数量级。

（10）随机存储器（RAM）的功能是：既可以对它写数据又可以从它________数据。

（11）________存储器的功能是：只能从它读取数据，其名也由此而来。

（12）内存与硬盘比较，前者存取速度快，但容量较小；而后者速度相对慢，但容量________，价格便宜。

（13）MIPS 是表示计算机________的单位，其中文意思是“每秒百万条指令”。

（14）CPU 一次可以处理的二进制数的________称为计算机的字长，CPU 字长一般为 8 的整数倍，如 8 位、16 位、32 位、64 位。

（15）“32 位微型计算机”中的“32”指的是计算机的________。

（16）计算机当前的应用领域无所不在，但其应用最早的领域却是________。

（17）第一台电子数字计算机诞生于________年。

（18）第二代电子计算机的主要元件是________管。

（19）第一代电子计算机的主要元件是________管。

（20）第三代以上的电子计算机的主要元件是________。

（21）计算机中的运算器的主要功能是完成算术运算和________运算。

（22）计算机系统由两大部分组成，它们是硬件系统和________。

（23）冯·诺依曼计算机的基本原理是________存储。

（24）计算机硬件的五大基本构件包括运算器、存储器、输入设备、输出设备和________。

（25）表示计算机的容量的基本单位是________。

（26）计算机中的所有信息都是以________数的形式存储在机器内部的。

（27）时至今日，计算机仍采用程序内存或称________程序原理，原理的提出者是冯·诺依曼。

（28）计算机显示器画面的清晰度决定于显示器的________。

（29）7 位二进制编码的 ASCII 码可表示的字符个数为________。

（30）与二进制数 11111110 等值的十进制数是________。

（31）将鼠标指针移到窗口的________位置上拖动，可以移动窗口。

（32）在 Windows 的中文输入方式下，在几种中文输入方式之间________应按【Ctrl+Shift】组合键。

（33）Windows 中可以设置、控制计算机硬件配置和修改显示属性的应用程序是________面板。

（34）在 Windows 下，将某应用程序中所选的文本或图形复制或________到一个文件，所用的快捷键分别是【Ctrl+C】和【Ctrl+V】。

（35）在控制面板中，使用【卸载或更改程序】的作用是卸载/________程序。

（36）Windows 中，________文件默认的扩展名是.rtf。

（37）在 Windows 中，________文件默认的扩展名是.txt。

（38）Windows 允许用户同时打开________个窗口，但任一时刻只有一个是活动窗口。

（39）在 Windows 7 任务栏的右端有一个【键盘】图标，其功能是________指示器。

（40）在计算机的应用领域中，“CAI”表示________。

（41）在计算机的应用领域中，“CAD”表示________。

（42）在计算机的应用领域中，“CAM”表示________。

（43）二进制换算法则：将十进制整数转化为________时，除二取余。

（44）对于字符的编码，普遍采用的是 ASCII 码，中文含义为美国标准________码，被国际标准化组织 ISO 采纳。

（45）计算机能直接识别的语言是________语言。

（46）显示器的分辨率一般用“横向纵向”的________来表示（如 1920×1080），它是评价一台显示器好坏的主要指标。

（47）打印机主要有针式打印机，________打印机和激光打印机。

（48）按【Ctrl+Alt+Del】组合键可以用于________任务。

（49）计算机病毒具有复制性、破坏性、________性、传染性等特点。

（50）计算机网络是指利用通信线路和通信设备将分布在不同地理位置具有独立功能的计算机系统互相连接起来，在网络软件的支持下，实现彼此之间的数据通信和资源________。

（51）网络拓扑结构一般分为：星状、________状、环状、树状及混合型。

（52）机器翻译、智能控制、专家系统、语言和图像理解等属于计算机的________领域应用范畴。

（53）目前，计算机必不可少的输入、输出设备是键盘和________。

（54）计算机在处理数据时，首先把数据调入________。

（55）一台计算机的字长是 4 字节，则计算机所能处理的数据位数是________位。

（56）在拆装微机的器件前，应该释放掉手上的________。

（57）BIOS 是计算机中最基础的而又最重要的程序，其中文名称是基本________系统。

（58）硬件是构成计算机系统的物质基础，而________是计算机系统的灵魂，二者相辅相成，缺一不可。

（59）电源向主机系统提供的________一般为+12V、+5V、+3.3V。

（60）给 CPU 加上散热片和________的主要目的是散去 CPU 在工作过程中产生的热量。

（61）机箱前面板信号线的连接，HDD LED 是指________，RESET 指的是复位开关。

（62）安装 CPU 涂抹硅胶的目的是更好地对 CPU 进行________。

（63）一般把计算机的输入/输出设备称为________设备。

（64）计算机的运算速度是衡量计算机性能的主要指标，它主要取决于指令的________。

（65）在 Word 编辑状态下，当光标位于表格外右侧的行尾处时按________键，则表格在光标处被添加一行。

（66）在 Word 中，输入文本时，按【Enter】键后，产生一个________符。

（67）一个工作簿默认包含________个工作表，但用户可根据需要进行增删。

（68）在 Excel 中，输入数值型数据时，默认________对齐。

（69）在 Excel 中输入文本型数据时，默认________对齐。

（70）在 Excel 中输入日期型数据时，默认________对齐。

（71）在安装 Windows 7 的最低配置中，内存的基本要求是________GB 及以上。

（72）Windows 7 有四个默认库，分别是视频、图片、________和音乐。

（73）要安装 Windows 7，系统磁盘分区必须为________格式。

（74）在安装 Windows 7 的最低配置中，硬盘的基本要求是________GB 以上可用空间。

（75）在 Word 2010 中，选定文本后，会显示出________，从而可方便地设置字体、字号等。

（76）在 Word 2010 中，想对文档进行字数统计，可以通过________选项卡来实现。

（77）在 Word 2010 中，给图片或图像插入题注时选择________选项卡中的命令。

（78）在 Word 2010 中，单击【插入】→【符号】命令组中的按钮，可以插入________、符号及编号等。

（79）在 Word 2010 中，进行邮件合并时，除需要主文档外，还需要________支持。

（80）在 Word 2010 中，插入表格后，会出现【________】选项卡，对表格进行【设计】和【布局】的操作设置。

（81）在 Word 2010 中，进行各种文本、图形、公式、批注等搜索可以通过________窗格来实现。

（82）在 Word 2010 中，通过【________】→【样式】命令组，可以将设置好的文本格式进行【将所选内容保存为新快速样式】操作。

（83）Excel 2010 默认保存工作簿的扩展名为________。

（84）在 Excel 中，如果要将工作表冻结便于查看，可通过【________】→【窗口】命令组中的【冻结窗格】按钮实现。

（85）在 Excel 2010 中新增“迷你图”功能，可选定数据在某单元格中插入迷你图，同时打开【________】选项卡进行相应的设置。

（86）在 Excel 2010 中，在 A1 单元格内输入 301，然后按下【Ctrl】键，拖动该单元格填充柄至 A8，则 A8 单元格中内容是________。

（87）在 Excel 2010 中，要对选定的单元格数据进行字体、对齐方式等编辑，通过【________】选项卡。

（88）要在 PowerPoint 2010 中，设置幻灯片动画，应在【________】选项卡中进行操作。

（89）要在 PowerPoint 2010 中显示标尺、网络线、参考线，以及对幻灯片母版进行修改，应在【________】选项卡中进行操作。

（90）在 PowerPoint 2010 中，要用到拼写检查、语言翻译、中文简繁体转换等功能时，应在【________】选项卡中进行操作。

（91）在 PowerPoint 2010 中对幻灯片进行页面设置时，应在【________】选项卡中进行操作。

（92）要在 PowerPoint 2010 中，设置幻灯片的切换效果以及切换方式，应在【________】选项卡中进行操作。

（93）要在 PowerPoint 2010 中，插入表格、图片、艺术字、视频、音频时，应在【________】选项卡中进行操作。

（94）在 PowerPoint 2010 中，对演示文稿进行另存、新建、打印等操作时，应在【________】选项卡中进行操作。

（95）在 PowerPoint 2010 中，对幻灯片放映条件进行设置时，应在【________】选项卡中进行操作。

（96）人类的三大科学思维分别是理论思维、实验思维和________。

（97）图灵在计算机科学方面的主要贡献是提出图灵机模型和________。

（98）计算复杂性的度量标准有两个：________复杂性和空间复杂性。

（99）计算思维的本质是抽象和________。

（100）根据用途及其使用的范围，计算机可以为________计算机和专用计算机。

（101）未来计算机将朝着微型化、巨型化、________和智能化方向发展。

（102）对信号输入、计算和输出都在一定的时间范围内完成的操作系统称为________。

（103）一个正在执行的程序称为________。

（104）　在 Windows 7 中，用户分为两类：标准用户和________。

（105）Word 中长文档要能够自动生成目录，必须先设置好各级标题________。

（106）若要对数据进行分类汇总，则必须先对汇总字段进行________操作。

（107）假定一个数的补码为 00000110，则这个数用十进制数表示是________。

（108）一个 24×24 点阵的汉字字形码占________字节。　。

（109）在 Windows 中，分配 CPU 时间的基本单位是________。

（110）数据模型是数据库中数据的存储方式，是数据库系统的基础。在几十年的数据库发展史中，出现了许多重要的数据库模型。目前，应用最广泛的是________模型。

（111）在 Access 中，日期型数据用________符号括起来。

（112）将数据组织成一组二维表，这种数据库的数据模型称为________模型。

（113）________是计算机网络中通信双方为了实现通信而设计的规则。

（114）域名地址中的 net 表示________。

（115）为了安全起见，浏览器和服务器之间交换数据应使用________协议。

5．操作题

1）公文制作

仿照范例图 7-1 样张，应用 Word 制作一份公文文件。

×××市质量监督局
×××市 公 安 局 文件

×××质技监【2015】38 号

关于开展 2015 年春季农资市场联合专项整治工作的通知

各农资生产经营单位：

市质量技术监督局和市公安局决定联合在全市范围内开展 2015 年春季农资市场专项整治工作，现将有关事项通知如下：

一、农资生产经营者要严格遵守各项管理制度

1. 凡生产及经营农机具的必须取得相应的许可，方可经营；

2. 做到守法经营、文明经营、诚信经营、自觉抵制和主动协助执法机关打击各种经销假冒伪劣坑农害农的违法行为。

二、农资生产、经营者不得从事下列经营行为：

1. 超过核准经营范围和期限从事农资生产、经营活动的；

2. 其他违反法律、法规规定的行为。

××市质量技术监督局
××市公安局
二〇一五年五月二十七日

主题词：农资 联合整治 通知

抄送：××市委、××市政府

××市质量技术监督局 2015 年 5 月 27 日印发

图 7-1 操作题-公文制作-样张

操作要求及提示：

（1）文字录入正确，添加页码。

（2）格式排版正确。

设计重点：发文机关名称；标题及公文尾部设计（含线条）；正文格式设置（含页码）

关键操作提示：

发文机关名称“×××市质量监督局×××市公安局”的设置，使用【双行合一】命令，如图 7-2 所示。

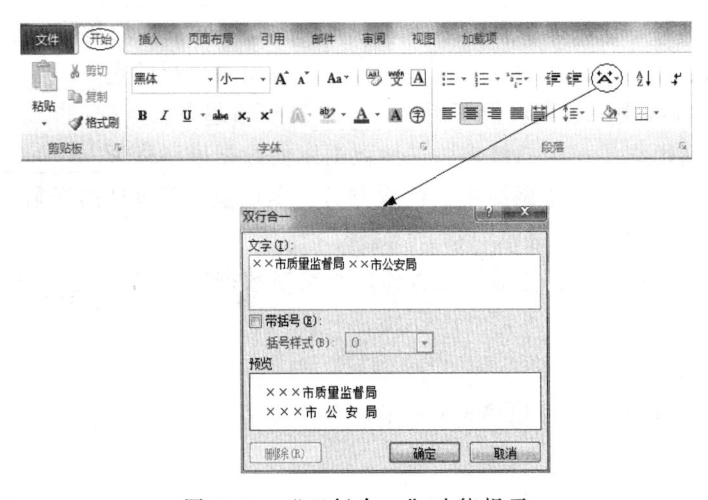

图 7-2 “双行合一”功能提示

2）名片制作

刘丽娜是某鲜花店老板，因业务需要，现要请你帮她设计制作一份彰显个性、展现魅力的个人名片。名片样张如图7-3所示。

图7-3　操作题-名片制作-样张

操作要求：

（1）名片内容及格式要设置正确、界面美观。

（2）把第一张个人名片进行复制操作，在一页纸内对齐和合理分布形成多张个人名片，使打印时节省纸张。

关键操作提示：

要制作出如样例所示的个人名片，主要按以下步骤完成：

（1）插入文本框（文本框内可插入文本框），输入名片内容并设置其格式。

（2）把文本框及其他图形进行组合，形成一张个人名片。

（3）把第一张个人名片进行复制操作，在一页纸内对齐和合理分布形成多张个人名片。

3）公式、水印及三线表制作

应用Word，参考图7-4所示范例完成公式、三线表的制作，并添加文字水印。

公式、水印及三线表样例

1.公式

$$f(t)=\frac{1}{\sqrt[3]{\pi^2}}\int_{-\infty}^{\infty}F(\omega)\,d\omega+\sum_{i=0}^{n}\beta_i$$

2.三线表

表1.1 张三成绩评价表

科目	实验成绩总评	平时成绩	平均成绩
计算机应用基础	68	75	71.5
C语言	81	77.5	79.25
总分	149	152.5	150.75

3.水印

添加文字水印：文字内容为“张三制作”

图7-4　操作题-公式、水印及三线表制作-样张

操作要求：

（1）严格按照样例制作

① 制作数学公式。

② 制作文字水印。

（2）绘制三线表时，其中的总分及平均成绩要求用公式或函数计算。

4）流程图制作

本题任务将完成一个“工伤保险办事流程图”的制作。应用 Word 仿照图 7-5 样例制作。

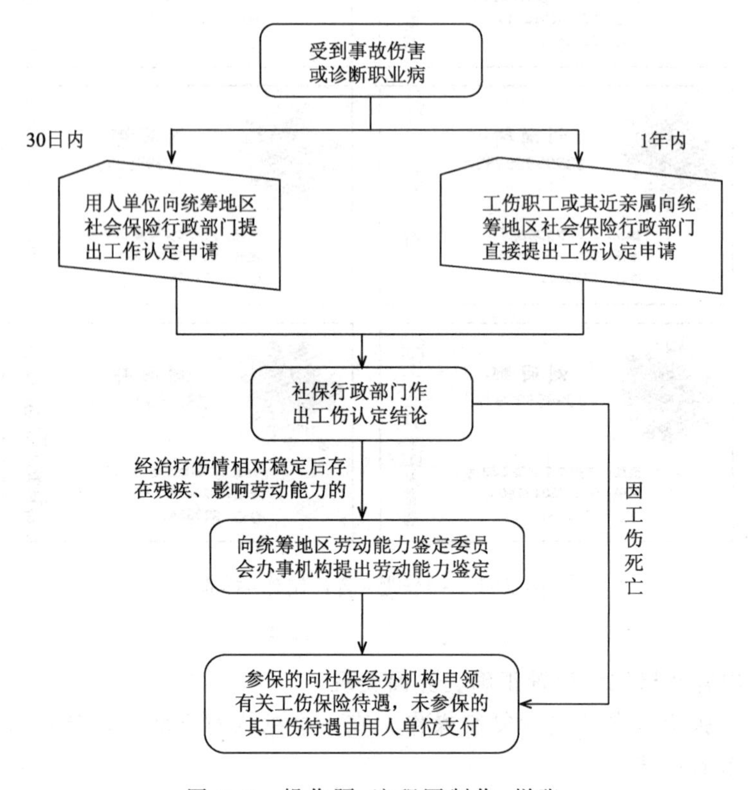

图 7-5　操作题-流程图制作-样张

操作要求：

（1）绘制各个流程文本框。

（2）输入正确的文字。

（3）绘制流程线。

5）求职登记表制作

使用 Word 制作一个“求职人员基本情况登记表”，请仿照样例图 7-6 所示进行。

操作要求：

（1）绘制出相同的表格；

（2）正确输入样例中的文字。

6）试卷模板制作

应用 Word，严格按样例制作一份试卷模板。样例如图 7-7 所示。

操作要求：

（1）纸张为横向 B4（257mm × 364mm）（页边距酌情设置）；文件保存为形如“张三-试卷模板.dot”。

（2）制作试卷头部及密封线；制作页眉和页脚。

（3）制作统分表格 4 个（包括题目文字）。

<table>
<tr><td colspan="14" align="center">求职人员基本情况登记表</td></tr>
<tr><td colspan="14" align="right">填表时间：　　年　月　日</td></tr>
<tr><td colspan="2">姓名</td><td colspan="2"></td><td colspan="2">性别</td><td></td><td colspan="2">出生日期</td><td colspan="2"></td><td>学历</td><td colspan="2"></td></tr>
<tr><td colspan="2">籍贯</td><td colspan="2"></td><td colspan="2">家庭住址</td><td colspan="3"></td><td colspan="2">身份证号码</td><td colspan="3"></td></tr>
<tr><td colspan="2">专业</td><td colspan="2"></td><td colspan="2">毕业学校</td><td colspan="3"></td><td colspan="2">联系方式</td><td colspan="3"></td></tr>
<tr><td colspan="14">性格（对自己的性格进行客观公正的评价，符合者请打“√”）</td></tr>
<tr><td colspan="2">谨慎</td><td colspan="2">乐观</td><td colspan="2">消极</td><td colspan="2">自信</td><td colspan="2">随和</td><td colspan="2">诚实</td><td colspan="2">内向</td></tr>
<tr><td colspan="2">神经质</td><td colspan="2">耿直</td><td colspan="2">善言</td><td colspan="2">宽容</td><td colspan="2">自以为是</td><td colspan="2">性情易变</td><td colspan="2">机灵</td></tr>
<tr><td colspan="14">简述你的性格类型和特点</td></tr>
<tr><td colspan="14"></td></tr>
<tr><td colspan="14">简述你的性格弱点</td></tr>
<tr><td colspan="14"></td></tr>
<tr><td colspan="14">请回答下述问题</td></tr>
<tr><td colspan="7">你所不擅长的是什么</td><td colspan="7"></td></tr>
<tr><td colspan="7">请你概述一下自己的人生观</td><td colspan="7"></td></tr>
<tr><td colspan="7">学生时代你最喜欢哪门课程</td><td colspan="7"></td></tr>
<tr><td colspan="7">请你概述一下自己的职业观</td><td colspan="7"></td></tr>
<tr><td colspan="7">进入本企业你有什么希望与理想</td><td colspan="7"></td></tr>
<tr><td colspan="7">在什么岗位上能最大限度地发挥你的才能</td><td colspan="7"></td></tr>
<tr><td colspan="7">假如有更好的职业，你将怎么办</td><td colspan="7"></td></tr>
<tr><td colspan="7">你对本企业的印象如何</td><td colspan="7"></td></tr>
<tr><td colspan="7" rowspan="2">本栏目由企业方面填写</td><td colspan="7">印象</td></tr>
<tr><td colspan="7"></td></tr>
</table>

图 7-6　操作题-求职人员登记表制作-样张

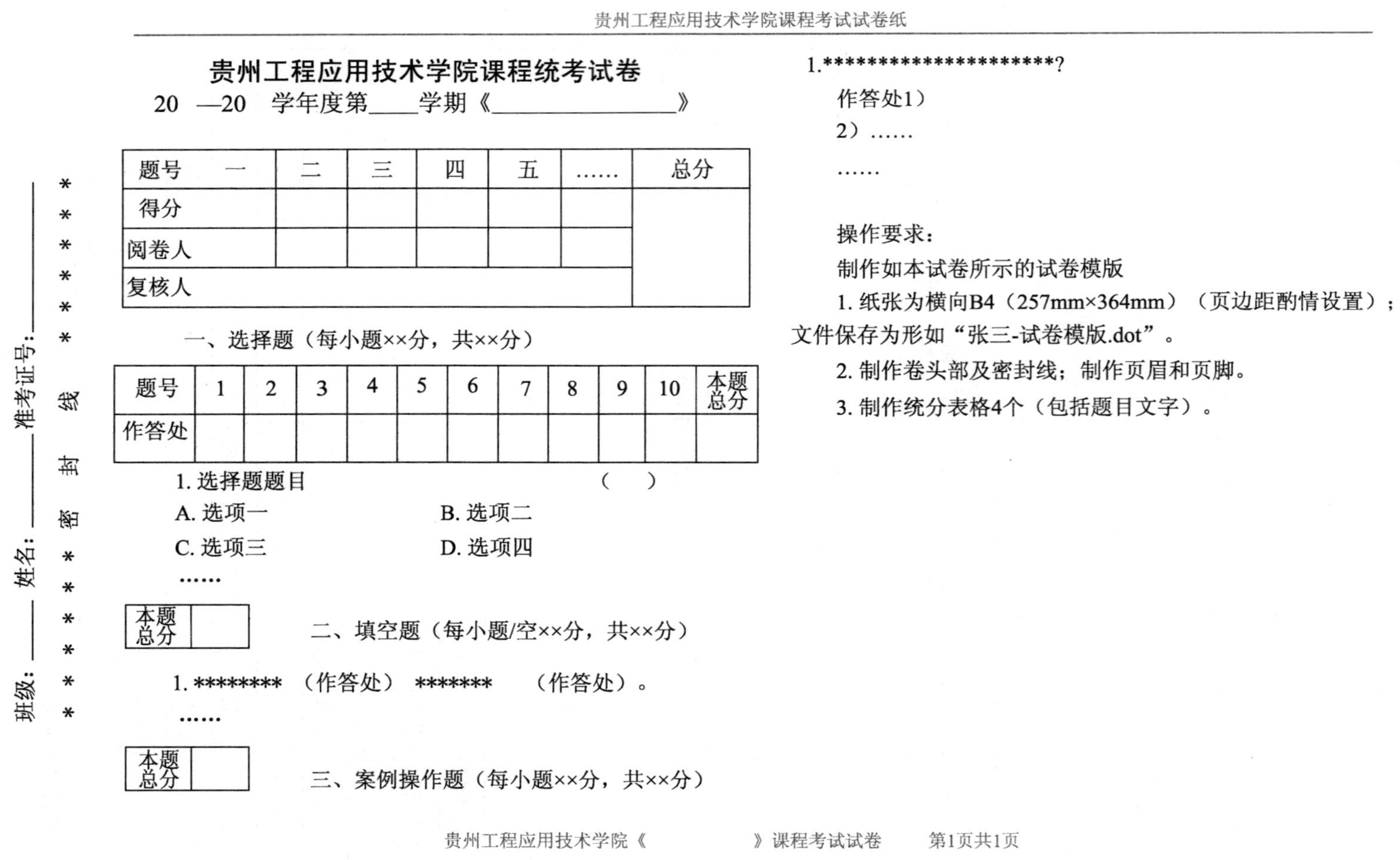

贵州工程应用技术学院课程考试试卷纸

贵州工程应用技术学院课程统考试卷

20 —20 学年度第____学期《________________》

题号	一	二	三	四	五	……	总分
得分							
阅卷人							
复核人							

班级：______ 姓名：______ 准考证号：______

* * * * * * 密 封 线 * * * * * *

一、选择题（每小题××分，共××分）

题号	1	2	3	4	5	6	7	8	9	10	本题总分
作答处											

1. 选择题题目　　　　　　　　（　）

A. 选项一　　　　B. 选项二

C. 选项三　　　　D. 选项四

……

本题总分	

二、填空题（每小题/空××分，共××分）

1. ******** （作答处） ******* （作答处）。

……

本题总分	

三、案例操作题（每小题××分，共××分）

1.*********************?

作答处1）

2）……

……

操作要求：

制作如本试卷所示的试卷模版

1. 纸张为横向B4（257mm×364mm）（页边距酌情设置）；文件保存为形如“张三-试卷模版.dot”。

2. 制作卷头部及密封线；制作页眉和页脚。

3. 制作统分表格4个（包括题目文字）。

贵州工程应用技术学院《　　　　》课程考试试卷　　第1页共1页

图 7-7　试卷制作样张

7）邮件合并操作

应用 Word 2010 的邮件合并功能批量制作学生获奖荣誉证书，效果如图 7-8 样张所示。

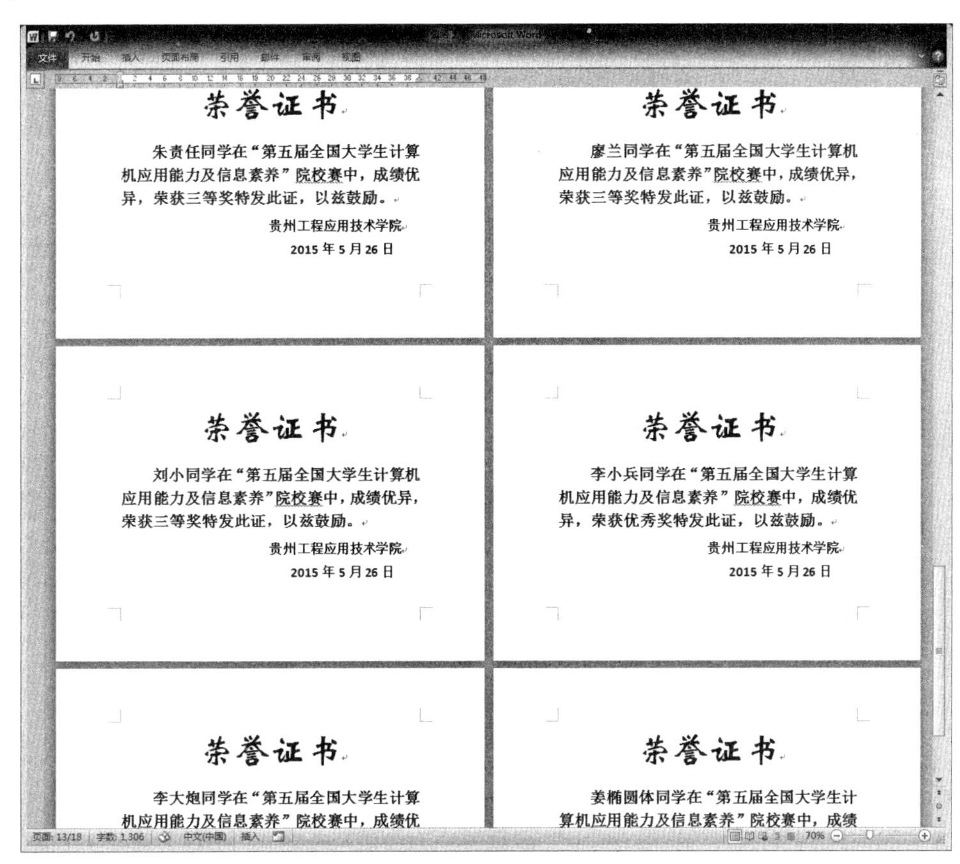

图 7-8　邮件合并效果-样张

操作提示：

（1）在 Word 中制作主文档，即邮件中不可改变的文档内容。并将页面大小设置成所需奖状尺寸大小，例如本例设置为：14.8 cm×21 cm。纸张方向为横向，如图 7-9 所示。

> **荣誉证书**
>
> 同学在“第五届全国大学生计算机应用能力及信息素养”院校赛中，成绩优异，荣获特发此证，以兹鼓励。
>
> 贵州工程应用技术学院
>
> 2015 年 5 月 26 日

图 7-9　主文档

（2）制作数据源。可以用 Excel、Access、记事本等工具制作，在此以 Excel 制作为例，如图 7-10（a）所示。

（3）插入合并域。

单击【邮件】→【开始邮件合并】→【开始邮件合并】下拉按钮→【邮件合并分步向导】→【信函】→【下一步：正在启动文档】→选择开始（文档选择【使用当前文档】）→【下一步：选取收件人】→选择【使用现有列表】单选按钮，单击【浏览】按钮→打开数据源文件。

在主文档中确定插入点，单击【邮件】→【编写和插入域】→【插入合并域】按钮，将“姓名”和“奖项”分别插入到主文档中相应位置，效果如图 7-10（b）所示。

	A	B
1	姓名	奖项
2	张三	一等奖
3	李四	一等奖
4	王五	一等奖
5	赵六	二等奖
6	汪七	二等奖
7	陈八	二等奖
8	刘九	二等奖
9	肖肖	二等奖
10	黄加加	二等奖
11	张晓阳	三等奖
12	欧阳前途	三等奖
13	杨小过	三等奖
14	朱责任	三等奖
15	廖兰	三等奖
16	刘小	三等奖
17	李小兵	优秀奖
18	李大炮	优秀奖
19	姜椭圆体	优秀奖

（a）数据源

荣誉证书

«姓名»同学在“第五届全国大学生计算机应用能力及信息素养”院校赛中，成绩优异，荣获«奖项»特发此证，以兹鼓励。

贵州工程应用技术学院

2015 年 5 月 26 日

（b）插入合并域

图 7-10　数据源及插入合并域效果

（4）单击【邮件】→【完成】→【完成并合并】-【编辑单个文档】按钮，便生成一页显示一个邮件的 Word 信函文档。将显示比例调到 70%，便得到图 7-8 所示的样张效果。

8）用幻灯片展现“动画”效果

在 PowerPoint 2010 中，实现动画播放，所用素材见“实训素材库”文件夹中的“操作题 8 素材”文件夹。样例构架如图 7-11 所示。

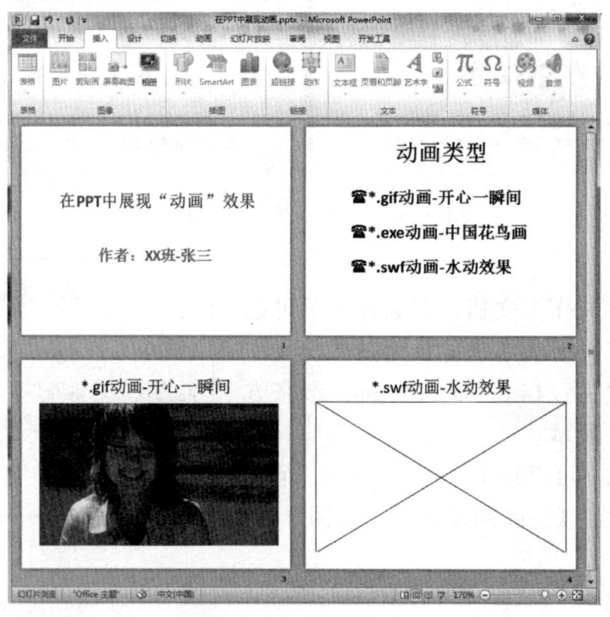

图 7-11　样例构架

操作要求及提示：

1. 按照图 7-11 内容及格式分别建立四张幻灯片：

（1）第一张为封面，用“标题幻灯片版式”。

（2）第二张为“动画类型”目录页，插入的项目符号是“Wingdings”字体中的“电话图标”。

（3）第三张“*.gif 动画-开心一瞬间”，用于展现“开心瞬间.gif”动画效果。

操作提示：单击【插入】→【图像】→【图片】按钮，插入“开心瞬间.gif”。

（4）第四张“*.swf 动画-水动效果”，用于展现“水动效果.swf”动画效果。

操作提示：单击【开发工具】→【控件】→【其他控件】按钮，弹出“其他控件”对话框，选择“Shockwave Flash Object”控件项，设置“属性”窗口中的“Movie”和“Playing”分别为“水动效果.swf”和“True”。

2.“动画类型”目录页的功能要求：

（1）“*.gif 动画-开心一瞬间”与第三张幻灯片建立超链接。

（2）“*.exe 动画-中国花鸟画”与素材文件夹中“中国花鸟画.exe”动画文件建立超链接，播放效果如图 7-12（a）所示。

（3）“*.swf 动画-水动效果”与第四张幻灯片建立超链接，播放效果如图 7-12（b）所示。

（a）“中国花鸟画.exe”播放效果

（b）“水动效果.swf”播放效果

图 7-12　创建超链接

9）制作学生成绩表

样例如图 7-13 所示。

学生平均成绩表						
姓名	手机	性别	计算机	高等数学	英语	平均成绩
安然	13545678925	男	80	90	80	83.33
曾祥华	13545678927	女	76	98	77	83.67
陈军	13545678929	女	90	67	80	79.00
陈星羽	13545678931	男	115	80	90	95.00
成中进	13545678933	男	101	56	0	52.33
程会	13545678935	男	90	90	80	86.67
杜雪	13545678937	女	57	50	90	65.67
方祖巧	13545678939	男	70	90	90	83.33
付静	13545678941	男	70	53	90	71.00
高雪	13545678943	男	70	90	-60	33.33
韩丽	13545678945	女	56	90	39	61.67
何崇	13545678947	男	-80	80	-58	-19.33
黄讯	13545678949	女	90	80	80	83.33
纪文正	13545678951	男	80	90	80	83.33

图 7-13　学生成绩表制作-样张

操作要求：

（1）新建工作簿文件，并保存为“张三-Excel 操作题汇总.xlsx”。

（2）将 Sheet1 工作表改成“学生成绩表制作-样张”，并按下列要求输入数据：

① “手机”列按“文本”型数据输入。

② “性别”列按“序列填充”（值分别为“男”和“女”）输入，其他数据按默认格式输入。

③ 标题“学生平均成绩表”要求单元格合并及居中。

④ 给数据表加边框。

（3）计算平均分：“平均成绩”指计算机、高等数学及英语三科的平均成绩，要求用函数或编写公式生成，并保留 2 位小数。

10）设置数据录入条件格式及有效性

样例如图 7-14 和图 7-15 所示。

操作要求：

（1）打开“张三-Excel 操作题汇总.xlsx”。

（2）将 Sheet2 工作表重命名为“条件格式及有效性-样张”，并按下列要求输入数据：

① “手机”列按“文本”型数据输入。

② “性别”列按“序列填充”（值分别为“男”和“女”）输入，表中其他数据按默认格式输入。

③ 标题要求单元格合并及居中。

④ 给数据表加边框。

（3）设置数据条件格式及有效性。已知设置数据条件格式及有效性的区域是 D3:F16。

① 条件格式设置要求：

• 大于 100 的数据设置成“浅红填充色深红色文本”。

• 小于 0 的数据设置成黄填充色深黄色文本。

② 数据有效性：有效性条件为“大于或等于 0，小于或等于 100”

效果如图 7-14 所示。

（4）圈释无效数据：

① 将“条件格式及有效性-样张”的数据复制到 Sheet3 工作表，将标题改成“圈释无效数据”，将该工作表重命名为“圈释无效数据-样张”。

② 进行“圈释无效数据”操作，显示效果如图 7-15 所示。最后保存文件安全退出。

条件格式及有效性

姓名	手机	性别	计算机	高等数学	英语
安然	13545678925	男	80	90	80
曾祥华	13545678927	女	76	98	77
陈军	13545678929	女	90	67	80
陈星羽	13545678931	男	115	80	90
成中进	13545678933	男	101	56	0
程会	13545678935	男	90	90	80
杜雪	13545678937	女	57	50	90
方祖巧	13545678939	男	70	90	90
付静	13545678941	男	70	53	90
高雪	13545678943	男	70	90	-60
韩丽	13545678945	女	56	90	39
何崇	13545678947	男	-80	80	-58
黄讯	13545678949	女	90	80	80
纪文正	13545678951	男	80	90	80

图 7-14　条件格式及有效性-样张

圈释无效数据

姓名	手机	性别	计算机	高等数学	英语
安然	13545678925	男	80	90	80
曾祥华	13545678927	女	76	98	77
陈军	13545678929	女	90	67	80
陈星羽	13545678931	男	115	80	90
成中进	13545678933	男	101	56	0
程会	13545678935	男	90	90	80
杜雪	13545678937	女	57	50	90
方祖巧	13545678939	男	70	90	90
付静	13545678941	男	70	53	90
高雪	13545678943	男	70	90	-60
韩丽	13545678945	女	56	90	39
何崇	13545678947	男	-80	80	-58
黄讯	13545678949	女	90	80	80
纪文正	13545678951	男	80	90	80

图 7-15　圈释无效数据-样张

11）学生成绩排名及等级

在 Excel 中，用函数及公式进行排名和划分等级，样例如图 7-16 所示。

学生成绩排名及等级表

姓名	计算机	高等数学	英语	平均成绩	名次	等级
安然	95	90	85	90.00	2	好
曾祥华	76	98	77	83.67	4	好
陈军	90	67	80	79.00	8	一般
陈星羽	68	80	90	79.33	7	一般
成中进	55	56	0	37.00	14	差
程会	90	90	98	92.67	1	好
杜雪	57	50	90	65.67	12	一般
方祖巧	70	93	90	84.33	3	好
付静	70	53	90	71.00	11	一般
高雪	70	90	60	73.33	9	一般
韩丽	56	90	39	61.67	13	一般
何崇	80	80	58	72.67	10	一般
黄讯	90	80	80	83.33	5	好
纪文正	80	90	80	83.33	5	好

图 7-16　排名及等级-样张

操作要求：

打开“张三-Excel 操作题汇总.xlsx”。新建一张工作表，并命名为“排名及等级-样张”，在该工作表中进行如下操作：

（1）数据输入。标题“学生成绩排名及等级表”要求单元格合并及居中，其他数据按默认格式输入，并给工作表添加边框。

（2）平均成绩。用函数或公式计算，并保留 2 位小数。

（3）名次。用 RANK 函数计算，以“平均成绩”为排名依据。

（4）等级。用 IF 函数计算，以“平均成绩”为等级依据：若平均成绩大于或等于 80 分，等级定为“好”；否则，若平均成绩大于或等于 60 分，等级定为“一般”；若平均成绩小于 60 分，等级定为“差”。

计算结果如图 7-16 所示。最后保存文件并退出 Excel 应用程序。

12）考试情况统计

在 Excel 中，进行有关统计函数的操作，样例如图 7-17 所示。

操作要求：

打开“张三-Excel 操作题汇总.xlsx”。新建一张工作表，并命名为“考试情况统计-样张”，在该工作表中进行如下操作：

考试情况统计			
姓名	计算机	高等数学	英语
安然	95	90	85
曾祥华	50	98	77
陈军	0	67	80
陈星羽	68	80	90
成中进	55	56	0
程会	缺考	90	98
杜雪	57	50	90
方祖巧	70	93	90
付静	70	53	90
高雪	70	90	60
韩丽	56	90	39
何崇	80	80	58
黄讯	缺考	80	80
纪文正	80	90	80
计算机实考学生人数：			12
计算机成绩最高分：			95
计算机成绩为70分的人数：			3

图 7-17　考试情况统计-样张

（1）数据输入。标题“考试情况统计”要求单元格合并及居中，其他数据按默认格式输入，并给工作表添加边框。

（2）用 COUNT 函数统计计算机课程实考的学生人数。

（3）用 MAX 函数统计计算机成绩最高分。

（4）用 COUNTIF 函数统计计算机成绩为 70 分的人数。

最后保存文件，并退出 Excel 程序。

13）学生成绩分类汇总

在 Excel 中，进行“分类汇总”操作，样例如图 7-19 所示。

操作要求：

打开“张三-Excel 操作题汇总.xlsx”。新建一张工作表，并命名为“分类汇总原始成绩表”（见图 7-18），在该工作表中进行如下操作：

（1）数据输入。按样例格式录入“分类汇总原始成绩表”数据，并添加边框：

①“性别”列数据要求自定义下拉列表序列填充（值为“男”和“女”）。

②“平均成绩”要求用函数或公式计算，其他数据按默认格式输入。

（2）新建一个工作表，并将“分类汇总原始成绩表”复制到该工作表。将该工作表取名为“分类汇总-样张”，以下操作都在“分类汇总-样张”工作表中进行：

① 按分类汇总关键字段“性别”排序。

② 进行分类汇总，得到样例所示“学生成绩分类汇总”结果。

分类汇总原始成绩表

姓名	性别	计算机	高等数学	英语	平均成绩
安然	男	80	90	80	83.33
曾祥华	女	76	98	77	83.67
陈军	女	90	67	80	79.00
陈星羽	男	115	80	90	95.00
成中进	男	101	56	0	52.33
程会	男	90	90	80	86.67
杜雪	女	57	50	90	65.67
方祖巧	男	70	90	90	83.33
付静	男	70	53	90	71.00
高雪	男	70	90	-60	33.33
韩丽	女	56	90	39	61.67
何崇	男	-80	80	-58	-19.33
黄讯	女	90	80	80	83.33
纪文正	男	80	90	80	83.33

图 7-18　分类汇总原始表

学生成绩分类汇总

姓名	性别	计算机	高等数学	英语	平均成绩
安然	男	80	90	80	83.33
陈星羽	男	115	80	90	95.00
成中进	男	101	56	0	52.33
程会	男	90	90	80	86.67
方祖巧	男	70	90	90	83.33
付静	男	70	53	90	71.00
高雪	男	70	90	-60	33.33
何崇	男	-80	80	-58	-19.33
纪文正	男	80	90	80	83.33
	男 计数				9
曾祥华	女	76	98	77	83.67
陈军	女	90	67	80	79.00
杜雪	女	57	50	90	65.67
韩丽	女	56	90	39	61.67
黄讯	女	90	80	80	83.33
	女 计数				5
	总计数				14

图 7-19　分类汇总-样张

14）筛选学生成绩

在 Excel 中，进行“筛选”操作，样例分别如图 7-20～图 7-22 所示。

原始表

姓名	性别	计算机	高等数学	英语
安然	男	80	90	80
曾祥华	女	76	98	77
陈军	女	90	67	58
陈星羽	男	115	80	50
成中进	男	101	56	0
程会	男	90	90	80
杜雪	女	57	50	90
方祖巧	男	70	90	90
付静	男	70	53	90
高雪	男	70	90	-60
韩丽	女	56	90	39
何崇	男	-80	80	-58
黄讯	女	90	80	80
纪文正	男	80	90	80

图 7-20　筛选-原始表

自动筛选（筛选出所有男生计算机成绩为70分的人）

姓名	性别	计算机	高等数学	英语
方祖巧	男	70	90	90
付静	男	70	53	90
高雪	男	70	90	-60

图 7-21　筛选-自动筛选-样张

操作要求：

打开“张三-Excel操作题汇总.xlsx”。新建一张工作表，并命名为“筛选-原始表”，在该工作表中进行数据输入：

原始表

姓名	性别	计算机	高等数学	英语
安然	男	80	90	80
曾祥华	女	76	98	77
陈军	女	90	67	58
陈星羽	男	115	80	50
成中进	男	101	56	0
程会	男	90	90	80
杜雪	女	57	50	90
方祖巧	男	70	90	90
付静	男	70	53	90
高雪	男	70	90	-60
韩丽	女	56	90	39
何崇	男	-80	80	-58
黄讯	女	90	80	80
纪文正	男	80	90	80

筛选条件1

性别	计算机	英语
男	>=90	<60

按“筛选条件1”的筛选结果

姓名	性别	计算机	高等数学	英语
陈星羽	男	115	80	50
成中进	男	101	56	0

筛选条件2

性别	计算机	英语
男		<60
	>=90	

按“筛选条件2”的筛选结果

姓名	性别	计算机	高等数学	英语
陈军	女	90	67	58
陈星羽	男	115	80	50
成中进	男	101	56	0
程会	男	90	90	80
高雪	男	70	90	-60
何崇	男	-80	80	-58
黄讯	女	90	80	80

图 7-22 筛选-高级筛选-样张

严格按照样例中“原始表”数据表录入数据，并添加边框，“性别”列数据要求自定义下拉列表序列填充（值为“男”和“女”）。

（1）自动筛选。新建工作表，将其命名为“筛选-自动筛选-样张”，并将“筛选-原始表”复制到该工作表中，并按样张进行自动筛选（筛选出所有男生计算机成绩为 70 分的人），如图 7-21 所示。

（2）高级筛选。新建工作表，将其命名为“筛选-高级筛选-样张”，并将“筛选-原始表”复制到该工作表中，并按样张进行高级筛选（筛选条件 1：性别为“男”并且计算机大于 90 并且英语小于 60 的人；筛选条件 2：性别为“男”并且英语小于 60，或计算机不小于 90 的人），如图 7-22 所示。

15）创建图表分析学生成绩

在 Excel 中，进行“创建图表”操作，样张如图 7-23 所示。

操作要求：

打开“张三-Excel 操作题汇总.xlsx”。新建一张工作表，并命名为“学生成绩图表-样张”，在该工作表中进行数据输入：严格参照“学生成绩表”输入数据，并添加边框。

创建图表：根据“学生成绩表”创建如样张所示的标题为“学生成绩图表分析”的图表（图表含纵横轴标题，图表其他默认）。

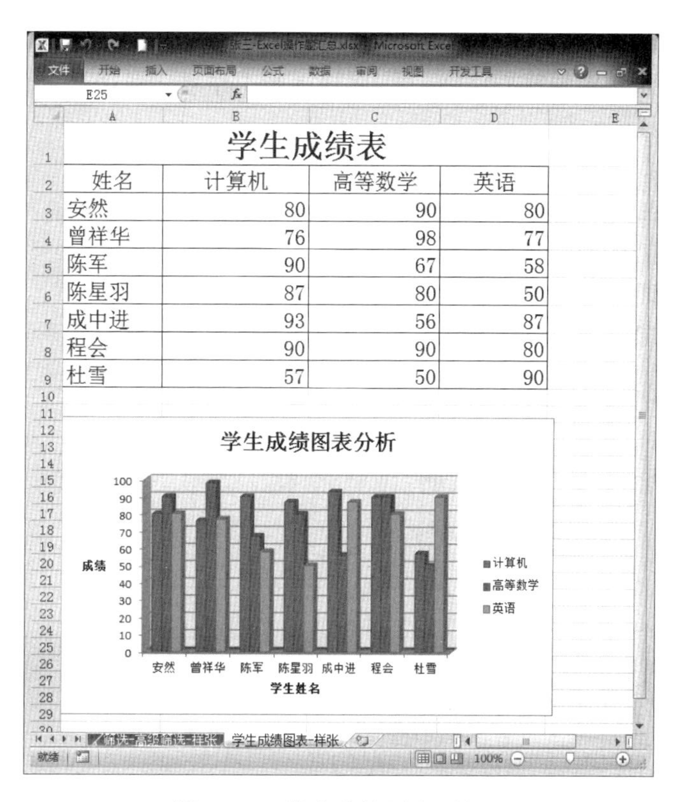

图 7-23　学生成绩图表-样张

16）用图表方法制作函数图像

应用 Excel 根据样张制作函数图像。样张如图 7-24 所示。

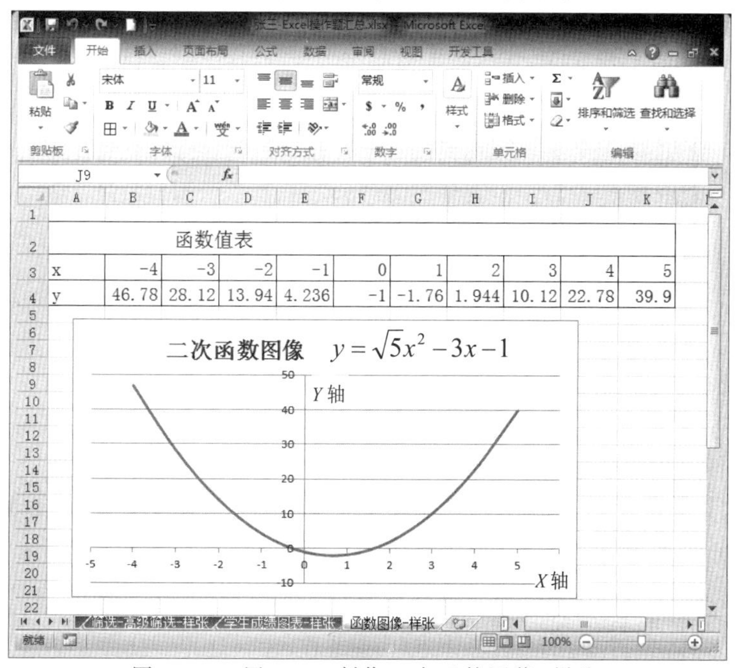

图 7-24　用 Excel 制作二次函数图像-样张

操作要求：

打开“张三-Excel 操作题汇总.xlsx”。新建一张工作表，并命名为“函数图像-样张”，在该工作表中进行如下操作：

（1）已知函数：$y=\sqrt{5}x^2-3x-1$。根据该函数制作“函数值表”（y 值要用公式计算）。

（2）创建如样张所示的图表（函数图像），添加坐标轴标题“X 轴”、“Y 轴”和图表标题（可应用文本框工具）。

17）根据身份证批量提取出生日期及性别

应用 Excel，按照要求完成操作。结果如图 7-25 和图 7-26 样张所示。

张三-Excel操作题汇总.xlsx - Microsoft Excel

C2 =MID(A2,7,4)&"年"&MID(A2,11,2)&"月"&MID(A2,13,2)&"日"

	A	B	C	D
1	身份证号	姓名	出生日期（按年月日表示）	姓别
2	[illegible]2198606267001	曾成	1986年06月26日	
3	[illegible]3199409210781	周兰	1994年09月21日	
4	[illegible]0199404027622	小小	1994年04月02日	
5	[illegible]6198207273208	美事怀	1982年07月27日	
6	[illegible]3198408171764	刘大香	1984年08月17日	
7	[illegible]4198607080729	刘世专	1986年07月08日	
8	[illegible]1198505254723	刘邦后	1985年05月25日	
9	[illegible]1198708287605	施方华	1987年08月28日	
10	[illegible]4198502102315	刘小寻	1985年02月10日	
11	[illegible]2198210155476	周星池	1982年10月15日	
12	[illegible]0197807282984	陈进	1978年07月28日	
13	[illegible]8197910176766	陈中国	1979年10月17日	
14	[illegible]5198207234866	陈前后	1982年07月23日	
15	[illegible]0197708223737	刘世美	1977年08月22日	

图 7-25　身份证之出生日期提取-样张

张三-Excel操作题汇总.xlsx - Microsoft Excel

D2 =IF(MOD(VALUE(MID(A2,17,1)),2)=0,"女","男")

	A	B	C	D
1	身份证号	姓名	出生日期（按年月日表示）	性别
2	[illegible]2198606267001	曾成	1986年06月26日	女
3	[illegible]3199409210781	周兰	1994年09月21日	女
4	[illegible]0199404027622	小小	1994年04月02日	女
5	[illegible]6198207273208	美事怀	1982年07月27日	女
6	[illegible]3198408171764	刘大香	1984年08月17日	女
7	[illegible]4198607080729	刘世专	1986年07月08日	女
8	[illegible]1198505254723	刘邦后	1985年05月25日	女
9	[illegible]1198708287605	施方华	1987年08月28日	女
10	[illegible]4198502102315	刘小寻	1985年02月10日	男
11	[illegible]2198210155476	周星池	1982年10月15日	男
12	[illegible]0197807282984	陈进	1978年07月28日	女
13	[illegible]8197910176766	陈中国	1979年10月17日	女
14	[illegible]5198207234866	陈前后	1982年07月23日	女
15	[illegible]0197708223737	刘世美	1977年08月22日	男

图 7-26　身份证之性别提取-样张

操作要求及操作提示：

打开“张三-Excel 操作题汇总.xlsx”。新建一张工作表，并命名为“身份证信息提取-样张”，在该工作表中进行如下操作：

（1）建立表结构（字段名分别为“身份证号”“姓名”“出生日期”“性别”），输入各个记录中的“身份证号”数据，并添加表格边框。

（2）从身份证中提取出生日期。格式要求为“××××年××月××日”。

（3）从身份证中提取性别。格式要求为“男”、“女”。

备注：

（1）身份证中第7位～第14位表示人的出生年月日。

（2）身份证中第17位表示人的性别。奇数表示“男”；偶数表示“女”。

（3）VALUE()函数表示将一个代表数值的文本字符串转换成数值。

18）计算机课程成绩数据表

应用Excel，按照要求完成操作。结果如图7-27样张所示。

HLOOKUP　=E4*0.15+F4*0.1+G4*0.15+H4*0.1+I4*0.5

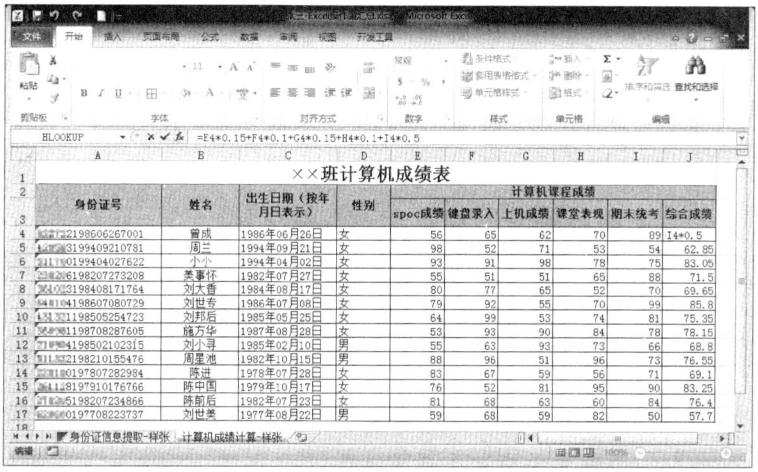

××班计算机成绩表

身份证号	姓名	出生日期（按年月日表示）	性别	计算机课程成绩					
				spoc成绩	键盘录入	上机成绩	课堂表现	期末统考	综合成绩
[illegible]2198606267001	曾成	1986年06月26日	女	56	65	62	70	89	I4*0.5
[illegible]3199409210781	周兰	1994年09月21日	女	98	52	71	53	54	62.85
[illegible]0199404027622	小小	1994年04月02日	女	93	91	98	78	75	83.05
[illegible]6198207273208	美事怀	1982年07月27日	女	55	51	51	65	88	71.5
[illegible]3198408171764	刘大香	1984年08月17日	女	80	77	65	52	70	69.65
[illegible]4198607080729	刘世专	1986年07月08日	女	79	92	55	70	99	85.8
[illegible]1198505254723	刘邦后	1985年05月25日	女	64	99	53	74	81	75.35
[illegible]1198708287605	施方华	1987年08月28日	女	53	93	90	84	78	78.15
[illegible]4198502102315	刘小寻	1985年02月10日	男	55	63	93	73	66	68.8
[illegible]2198210155476	周星池	1982年10月15日	男	88	96	51	96	73	76.55
[illegible]0197807282984	陈进	1978年07月28日	女	83	67	59	56	71	69.1
[illegible]8197910176766	陈中国	1979年10月17日	女	76	52	81	95	90	83.25
[illegible]5198207234866	陈前后	1982年07月23日	女	81	68	63	60	84	76.4
[illegible]0197708223737	刘世美	1977年08月22日	男	59	68	59	82	50	57.7

身份证信息提取-样张　计算机成绩计算-样张

图7-27　计算机虚拟成绩-样张

操作要求及操作提示：

打开“张三-Excel操作题汇总.xlsx”。新建一张工作表，并命名为“计算机成绩计算-样张”。将“身份证信息提取-样张”工作表复制到“计算机成绩数据表-样张”工作表中，并在该工作表中完成如下操作：

（1）添加“××班计算机成绩表”标题；编辑列标题；加边框，效果如图7-27样张所示。

（2）生成成绩数据（虚拟）。在e4单元格中输入公式：

=INT((RAND()*50+50))

得到一个随机成绩，其他学生成绩拖动填充控制柄生成（其他类别的成绩产生的方法相同）。

（3）综合成绩计算。综合成绩的计算按照一定权重编写公式计算：

=E4*0.15+F4*0.1+G4*0.15+H4*0.1+I4*0.5

提示：RAND()函数简介：

使用RAND()函数得到大于等于0，小于1的随机数。生成A与B之间的随机整数的公式是：

=INT(RAND()*(B-A)+A)

19）电子相册制作

应用PowerPoint 2010制作一个电子相册。所用素材见“实训素材库”文件夹中的“相册”子文件夹。样张如图7-28所示。

图 7-28 电子相册-样张

操作要求：

（1）新建一个 PowerPoint 文件，按“插入相册”方式生成相册演示文稿。图片版式为“1 张图片（带标题）”，相框形状为“柔化边缘矩形”，主题不定。

（2）幻灯片不少于 5 张，每张幻灯片自编一个标题，每张幻灯片中设置不同的动画效果。

20）交互型教学课件制作

应用 PowerPoint 制作交互性课件，图片素材见“实训素材库”文件夹，参考样张如图 7-29 所示。

图 7-29 交互型教学课件-样张

操作要求：

（1）完全按照样张分别作出 5 张幻灯片。

（2）界面设计及导航制作。要求使用幻灯片母版进行设计，导航包括“目录”“欣赏”“注释”“作者简介”四个交互按钮：

①“目录”项链接到“目录”幻灯片上。

②“欣赏”项链接到“诗欣赏”幻灯片上。

③“注释”项链接到“生字词释义”幻灯片上。

④“作者简介”项链接到“作者简介”幻灯片上。

（3）“目录”幻灯片包括“作者简介”“诗欣赏”“生字词释义”三个目录项，分别实现正确跳转到各自幻灯片上。

21）生成图书目录

应用 Word 2010 生成图书目录，所需素材见“实训素材库”文件夹。严格按样张图 7–30 所示进行设置。

大学生职业生涯

规 划 书

张三 制作

二〇一五年六月制

（a）“封面”页–样张

目 录

（b）“目录”页–样张

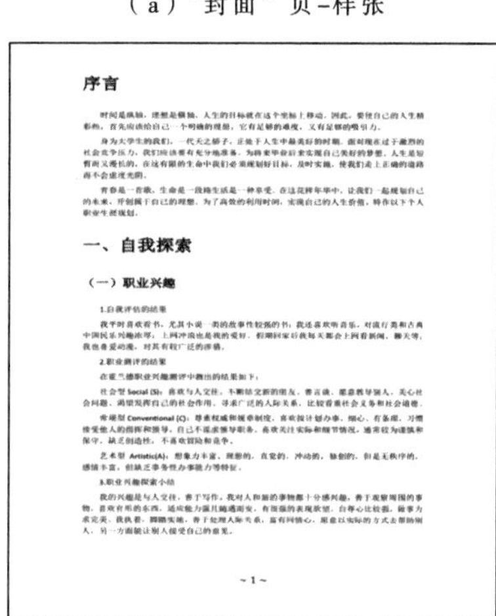

序言

一、自我探索

（一）职业兴趣

~ 1 ~

（c）“正文”第 1 页–样张

结束语

~ 7 ~

（d）“正文”最后页–样张

图 7–30　生成图书目录

操作要求：

（1）封面：“大学生职业生涯”（黑体，36 号字体，居中）；“规划书”（黑体，48 号字体，居中，字符间距：加宽 15 磅）；“张三 制作”和“二〇一五年六月制”（宋体，加粗，一号）。

（2）标题设置：一级标题按“标题 1”样式；二级标题按“标题 2”样式。其他默认设置。

（3）正文段落：首行空 2 个字（输入空格实现无效）；段前空 0.3 行。其他默认设置。

（4）生成目录：插入目录（不是手动生成）；封面、目录与正文之间自成一页（用分隔符实现）；对正文生成页码（格式“~ 147 ~”）。

参考答案

1. 单选题参考答案

题号	(1)	(2)	(3)	(4)	(5)	(6)	(7)	(8)	(9)	(10)
答案	C	D	D	C	A	B	C	D	A	D
题号	(11)	(12)	(13)	(14)	(15)	(16)	(17)	(18)	(19)	(20)
答案	A	D	A	C	A	C	D	D	C	B
题号	(21)	(22)	(23)	(24)	(25)	(26)	(27)	(28)	(29)	(30)
答案	C	B	B	A	C	A	A	A	C	A
题号	(31)	(32)	(33)	(34)	(35)	(36)	(37)	(38)	(39)	(40)
答案	C	A	B	C	D	A	B	D	C	D
题号	(41)	(42)	(43)	(44)	(45)	(46)	(47)	(48)	(49)	(50)
答案	B	D	D	D	B	C	C	C	A	D
题号	(51)	(52)	(53)	(54)	(55)	(56)	(57)	(58)	(59)	(60)
答案	C	B	A	D	B	B	D	D	A	D
题号	(61)	(62)	(63)	(64)	(65)	(66)	(67)	(68)	(69)	(70)
答案	D	D	B	A	C	B	D	A	C	B
题号	(71)	(72)	(73)	(74)	(75)	(76)	(77)	(78)	(79)	(80)
答案	A	B	D	B	A	C	C	D	C	D
题号	(81)	(82)	(83)	(84)	(85)	(86)	(87)	(88)	(89)	(90)
答案	C	B	D	D	B	B	D	A	D	B
题号	(91)	(92)	(93)	(94)	(95)	(96)	(97)	(98)	(99)	(100)
答案	B	D	A	D	D	D	C	D	C	A
题号	(101)	(102)	(103)	(104)	(105)	(106)	(107)	(108)	(109)	(110)
答案	C	C	B	B	B	D	D	C	B	C
题号	(111)	(112)	(113)	(114)	(115)	(116)	(117)	(118)	(119)	(120)
答案	D	B	B	C	B	B	B	A	A	B
题号	(121)	(122)	(123)	(124)	(125)	(126)	(127)	(128)	(129)	(130)
答案	A	A	A	A	B	C	D	C	B	B

续表

题号	（131）	（132）	（133）	（134）	（135）	（136）	（137）	（138）	（139）	（140）
答案	A	B	C	D	B	A	A	A	D	A
题号	（141）	（142）	（143）	（144）	（145）	（146）	（147）	（148）	（149）	（150）
答案	D	D	D	D	A	C	B	A	D	B
题号	（151）	（152）	（153）	（154）	（155）	（156）	（157）	（158）	（159）	（160）
答案	C	A	D	A	A	D	A	A	A	A
题号	（161）	（162）	（163）	（164）	（165）	（166）	（167）	（168）	（169）	（170）
答案	B	A	D	C	C	B	D	A	B	C
题号	（171）	（172）	（173）	（174）	（175）	（176）	（177）	（178）	（179）	（180）
答案	B	C	D	C	C	A	A	A	B	A
题号	（181）	（182）	（183）	（184）	（185）	（186）	（187）	（188）	（189）	（190）
答案	D	A	C	B	D	B	B	C	A	B
题号	（191）	（192）	（193）	（194）	（195）	（196）	（197）	（198）	（199）	（200）
答案	C	D	C	B	D	A	D	D	C	D
题号	（201）	（202）	（203）	（204）	（205）	（206）	（207）	（208）	（209）	（210）
答案	B	A	C	D	D	C	A	D	B	B
题号	（211）	（212）	（213）	（214）	（215）	（216）	（217）	（218）	（219）	（220）
答案	D	A	D	B	C	A	C	D	B	A
题号	（221）	（222）	（223）	（224）	（225）	（226）	（227）	（228）	（229）	（230）
答案	A	D	C	A	C	C	A	D	D	A
题号	（231）	（232）	（233）	（234）	（235）	（236）	（237）	（238）	（239）	（240）
答案	D	D	B	D	B	B	B	D	A	C
题号	（241）	（242）	（243）	（244）	（245）	（246）	（247）	（248）	（249）	（250）
答案	D	C	B	A	B	C	C	C	A	A
题号	（251）	（252）	（253）	（254）	（255）	（256）	（257）	（258）	（259）	（260）
答案	C	A	B	B	C	A	C	C	B	B
题号	（261）	（262）	（263）	（264）	（265）	（266）	（267）	（268）	（269）	（270）
答案	B	B	A	B	C	A	C	D	C	D
题号	（271）	（272）	（273）	（274）	（275）	（276）	（277）	（278）	（279）	（280）
答案	B	B	B	C	C	D	C	B	B	B
题号	（281）	（282）	（283）	（284）	（285）	（286）	（287）	（288）	（289）	（290）
答案	C	B	D	A	C	B	C	A	A	B
题号	（291）	（292）	（293）	（294）	（295）	（296）	（297）	（298）	（299）	（300）
答案	A	B	D	B	A	A	B	A	A	C
题号	（301）	（302）	（303）	（304）	（305）	（306）	（307）	（308）	（309）	（310）
答案	A	D	A	B	B	D	A	A	C	A

续表

题号	(311)	(312)	(313)	(314)	(315)	(316)	(317)	(318)	(319)	(320)
答案	C	B	B	C	A	A	D	A	C	A
题号	(321)	(322)	(323)	(324)	(325)	(326)	(327)	(328)	(329)	(330)
答案	B	A	C	B	D	D	B	B	A	C
题号	(331)	(332)	(333)	(334)	(335)	(336)	(337)	(338)	(339)	(340)
答案	C	C	C	D	D	D	D	A	B	B
题号	(341)	(342)	(343)	(344)	(345)	(346)	(347)	(348)	(349)	(350)
答案	C	C	A	C	B	A	A	D	C	B
题号	(351)	(352)	(353)	(354)	(355)	(356)	(357)	(358)	(359)	(360)
答案	B	B	D	C	C	D	C	A	D	D
题号	(361)	(362)	(363)	(364)	(365)	(366)	(367)	(368)	(369)	(370)
答案	B	B	C	D	B	C	D	B	B	B
题号	(371)	(372)	(373)	(374)	(375)	(376)	(377)	(378)		
答案	B	B	B	C	B	B	A	D		

部分单选题答案提示：

单选题 2 提示：答案为 D。操作系统是管理和控制计算机硬件与软件资源的计算机程序，是直接运行在“裸机”上的最基本的系统软件，任何其他软件都必须在操作系统的支持下才能运行。操作系统是用户和计算机的接口，同时也是计算机硬件和其他软件的接口。

单选题 3 提示：一个字节表示 8 个二进制数（比特）位，从最小的 00000000 到最大的 11111111，也就是从 0～255 的十进制数，共有 256 个。

单选题 34 提示：计算机病毒是编制者在计算机程序中插入的破坏计算机功能或者数据的代码，能影响计算机使用，能自我复制的一组计算机指令或者程序代码。计算机病毒具有传播性、隐蔽性、感染性、潜伏性、可激发性、表现性或破坏性。

单选题 68 提示：答案为 A。Hanoi（汉诺）塔问题是一个古典的数学问题，是一个只有用递归方法（而不可能用其他方法）解决的问题。问题是这样的：古代有一个梵塔，塔内有 3 个座 A、B、C，开始时 A 座上有 64 个盘子，盘子大小不等，大的在下，小的在上。有一个老和尚想把这 64 个盘子从 A 座移到 C 座，但每次只允许移动一个盘，且在移动过程中在 3 个座上都始终保持大盘在下，小盘在上。在移动过程中可以利用 B 座，要求编程序打印出移动的步骤。

单选题 90 提示：答案为 B。因为 1KB=1024 字节，所以 16KB=16×1024=16384（字节）。

单选题 171 提示：答案为 B。对于 Word 中选定的表格，按【Delete】键，只删除表格中的内容（表格依然存在）。若要删除整个表格，可以选定表格后右击，在弹出的快捷菜单中选择【删除表格】命令。

单选题 300 提示：解答方法是先将它们的 ASCII 码值转换成十进制数，再进行推算。

m 的 ASCII 码值为 6DH，6DH 为十六进制数，用十进制表示为：$6DH=6\times16^1+13\times$

16^0=109D，而十六进制数 70H 转换成十进制表示为：70H=$7\times16^1+0\times16^0$=112D。因为 p 的 ASCII 码值在 m 的后面 3 位，即是 112，对应的十六进制数为 70H，所以答案为 C。

注意：①在十六进制数中分别用 A、B、C、D、E、F 表示 10、11、12、13、14、15 数码；②表示进制数时，通常在最末用 B、O、D、H 分别表示二进制数、八进制数、十进制数和十六进制数。

单选题 372 提示：正确答案为 B。MP3 是利用一种音频压缩技术，由于这种压缩方式的全称叫 MPEG Audio Layer3,所以人们把它简称为 MP3。MP3 可以将声音按 1：10 甚至 1：12 进行压缩；WAV 是无损的格式，标准格式化的 WAV 声音文件质量和 CD 相当。

2. 多选题参考答案

题号	(1)	(2)	(3)	(4)	(5)	(6)	(7)	(8)	(9)	(10)
答案	ABC	BCD	AD	AB	ABC	ABD	AD	ABC	BC	AC
题号	(11)	(12)	(13)	(14)	(15)	(16)	(17)	(18)	(19)	(20)
答案	AB	BCD	ABCD	ABC	AD	BCD	ABCD	AD	ABC	AC
题号	(21)	(22)	(23)	(24)	(25)	(26)	(27)	(28)	(29)	(30)
答案	BCD	ABCD	ABD	BC	ABCD	ABC	ABC	ACD	BCD	ABD
题号	(31)	(32)	(33)	(34)	(35)	(36)	(37)	(38)	(39)	(40)
答案	ACD	ACD	ABCD	ABC	ABC	CD	ABD	ABC	BCD	ACD
题号	(41)	(42)	(43)	(44)	(45)	(46)	(47)	(48)	(49)	(50)
答案	ABC	ABCD	ABC	ABCD	ABCD	ABCD	ABCD	ABCD	CD	AC
题号	(51)	(52)	(53)	(54)	(55)	(56)	(57)	(58)	(59)	(60)
答案	ABD	ABCD	ABC	ABCD	ABC	ABCD	ABC	ABCD	BCD	ACD
题号	(61)	(62)	(63)	(64)	(65)	(66)	(67)	(68)	(69)	(70)
答案	ABCD	ABC	ABCD	AC	CD	ABCD	BD	BD	BD	AC
题号	(71)	(72)	(73)	(74)	(75)	(76)	(77)	(78)	(79)	(80)
答案	BD	ABD	BD	ACD	ABCD	AB	ACD	ABD	BCD	ABD
题号	(81)	(82)	(83)	(84)	(85)	(86)	(87)			
答案	ABC	ABD	ABC	ACD	ACD	BD	ABD			

3. 判断题参考答案

题号	(1)	(2)	(3)	(4)	(5)	(6)	(7)	(8)	(9)	(10)
答案	√	×	√	×	√	√	√	×	×	√
题号	(11)	(12)	(13)	(14)	(15)	(16)	(17)	(18)	(19)	(20)
答案	√	×	×	×	×	×	√	×	×	×
题号	(21)	(22)	(23)	(24)	(25)	(26)	(27)	(28)	(29)	(30)
答案	×	√	√	√	√	√	×	√	√	×
题号	(31)	(32)	(33)	(34)	(35)	(36)	(37)	(38)	(39)	(40)
答案	√	×	×	√	√	√	×	×	√	×

续表

题号	(41)	(42)	(43)	(44)	(45)	(46)	(47)	(48)	(49)	(50)
答案	×	×	×	×	×	√	√	×	×	×
题号	(51)	(52)	(53)	(54)	(55)	(56)	(57)	(58)	(59)	(60)
答案	×	√	√	√	√	×	√	×	√	√
题号	(61)	(62)	(63)	(64)	(65)	(66)	(67)	(68)	(69)	(70)
答案	×	√	√	√	√	×	×	√	×	√
题号	(71)	(72)	(73)	(74)	(75)	(76)	(77)	(78)	(79)	(80)
答案	×	×	√	√	√	×	√	√	√	×
题号	(81)	(82)	(83)	(84)	(85)	(86)	(87)	(88)	(89)	(90)
答案	√	√	√	√	√	×	×	×	×	√
题号	(91)	(92)	(93)	(94)	(95)	(96)	(97)	(98)	(99)	(100)
答案	×	×	×	√	×	√	×	√	√	×
题号	(101)	(102)	(103)	(104)	(105)	(106)	(107)	(108)	(109)	(110)
答案	×	√	√	×	√	×	×	×	×	√
题号	(111)	(112)	(113)	(114)	(115)	(116)	(117)	(118)	(119)	(120)
答案	×	√	√	√	×	×	×	√	×	√
题号	(121)	(122)	(123)	(124)	(125)	(126)	(127)	(128)	(129)	(130)
答案	√	√	√	√	√	√	√	√	√	√
题号	(131)	(132)	(133)	(134)	(135)	(136)	(137)	(138)	(139)	(140)
答案	×	√	√	×	×	√	√	√	√	√

4. 填空题参考答案

题号	(1)	(2)	(3)	(4)	(5)
答案	操作码	984	运算	备注	广域
题号	(6)	(7)	(8)	(9)	(10)
答案	黑客	计算机	控制器	主频	读
题号	(11)	(12)	(13)	(14)	(15)
答案	只读	大	运算速度	位数	字长
题号	(16)	(17)	(18)	(19)	(20)
答案	科学计算	1946	晶体	电子	集成电路
题号	(21)	(22)	(23)	(24)	(25)
答案	逻辑	软件系统	程序	控制器	字节
题号	(26)	(27)	(28)	(29)	(30)
答案	二进制	存储	分辨率	128	254
题号	(31)	(32)	(33)	(34)	(35)
答案	标题栏	切换	控制	粘贴	安装
题号	(36)	(37)	(38)	(39)	(40)
答案	写字板	记事本	多	输入法	计算机辅助教学

续表

题号	（41）	（42）	（43）	（44）	（45）
答案	计算机辅助设计	计算机辅助制造	二进制	信息交换	机器
题号	（46）	（47）	（48）	（49）	（50）
答案	像素数	喷墨	结束	隐藏	共享
题号	（51）	（52）	（53）	（54）	（55）
答案	总线	人工智能	显示器	内存	32
题号	（56）	（57）	（58）	（59）	（60）
答案	静电	输入输出	软件	电压	风扇
题号	（61）	（62）	（63）	（64）	（65）
答案	硬盘灯	散热	外围	执行时间	Enter
题号	（66）	（67）	（68）	（69）	（70）
答案	段落结束	3	右	左	右
题号	（71）	（72）	（73）	（74）	（75）
答案	1	文档	NTFS	16	浮动工具栏
题号	（76）	（77）	（78）	（79）	（80）
答案	审阅	引用	公式	数据源	表格工具
题号	（81）	（82）	（83）	（84）	（85）
答案	导航	开始	.xlsx	视图	图表工具
题号	（86）	（87）	（88）	（89）	（90）
答案	308	开始	动画	视图	审阅
题号	（91）	（92）	（93）	（94）	（95）
答案	设计	切换	插入	文件	幻灯片放映
题号	（96）	（97）	（98）	（99）	（100）
答案	计算思维	图灵测试	时间	自动化	通用
题号	（101）	（102）	（103）	（104）	（105）
答案	网络化	实时操作系统	进程	管理员	样式
题号	（106）	（107）	（108）	（109）	（110）
答案	排序	6	72	线程	关系
题号	（111）	（112）	（113）	（114）	（115）
答案	#	关系	协议	网络服务机构	HTTPS

部分填空题答案提示：

填空题 107 提示：对于一个二进制整数而言：①原码：其本身就称为原码；②反码：正数的反码就是其原码。负数的反码是，将原码中除符号位以外每一位取反；③补码：正数的补码就是其原码。负数的反码+1 就是补码。二进制表示有符号数时，其中最高位为符号位，并且分别用 0 和 1 表示正数和负数。在计算机中，正数是直接用原码表示的，负数用补码表示。

填空题 108 提示：24×24=576 位，一个字节=8 位，576/8=72 个字节。

参 考 文 献

[1] 杨玉蓓，方洁. 大学计算机应用基础实验指导[M]. 北京：电子工业出版社，2013.

[2] 羊四清. 大学计算机基础实验教程：Windows 7+Office 2010 版[M]. 北京：中国水利水电出版社，2013.